消费品安全标准“筑篱”专项行动——国内外标准对比丛书

家用电器

国家标准化管理委员会　组编

中国质检出版社
中国标准出版社
北京

图书在版编目（CIP）数据

家用电器/国家标准化管理委员会组编. —北京：中国标准出版社，2016.3
（消费品安全标准“筑篱”专项行动——国内外标准对比丛书）
ISBN 978-7-5066-8085-1

Ⅰ. ①家… Ⅱ. ①国… Ⅲ. ①日用电气器具-质量管理-安全标准-对比研究-中国、国外 Ⅳ. ①TM925-65

中国版本图书馆 CIP 数据核字（2015）第 242254 号

中国质检出版社
中国标准出版社 出版发行
北京市朝阳区和平里西街甲 2 号（100029）
北京市西城区三里河北街 16 号（100045）
网址：www. spc. net. cn
总编室：（010）68533533 发行中心：（010）51780238
读者服务部：（010）68523946
中国标准出版社秦皇岛印刷厂印刷
各地新华书店经销
*
开本 787×1092 1/16 印张 13.5 字数 293 千字
2016 年 3 月第一版 2016 年 3 月第一次印刷
*
定价：45.00 元

总 编 委 会

本册编委会

总 前 言

我国是消费品生产制造、贸易和消费大国。消费品安全事关人民群众切身利益，关系民生民心，关系内需外贸。标准是保障消费品安全的重要基础，是规范和引导消费品产业健康发展的重要手段。为提升消费品安全水平，提高标准创制能力，强化标准实施效益，加强标准公共服务，逐步构建标准化共治机制，用标准助推消费品领域贯彻落实“三个转变”，用标准支撑国内外市场“双满意”，用标准筑牢消费品的“安全篱笆”，2014 年10月，国家标准化管理委员会会同相关单位联合启动了消费品安全标准“筑篱”专项行动。

“筑篱”专项的首要任务，就是开展消费品安全国内外标准对比行动。按照广大消费者接触紧密程度、社会舆情关注度、产品安全风险和行业发展规模，首批对比行动由轻工业、纺织工业、电器工业、建筑材料、石油和化学工业等行业的 46 家单位、200 多位专家，收集了 21 个国际标准化组织、相关国际组织、国家和地区的相关法律、法规、标准 770 余项，对其中 3816 项化学安全、物理安全、生物安全和标签标识等相关技术指标进行了对比，并结合近 15 年来典型领域的 WTO/TBT 通报，研究了国外法规、标准的变化趋势。

为更好地共享“筑篱”专项对比行动成果，面向广大消费者、企业和检测机构，提供细致详实、客观准确的消费品安全国内外标准对比信息，我们组织编辑出版了“消费品安全标准“筑篱”专项行动——国内外标准对比”丛书。丛书共有 7 个分册，涉及儿童用品（玩具、童鞋、童装、童车）、服装纺织、家用电器、照明电器、首饰、家具、烟花爆竹、纸制品、插头插座、涂料、建筑卫生陶瓷、消费品基础通用标准等领域。

这套丛书的编纂出版得到了国家标准化管理委员会的高度重视和各相关领域专家的支持配合。丛书编委会针对编写、审定、出版环节采取了一系列质量保障措施，力求将丛书打造成为反映标准化工作成果、体现标准化工作水平的精品书。参与组织、编写和出版工作的人员既有相关职能部门的负责同志，也有专业标准化技术机构的主要人员，还有重大科研项目的技术骨干。他们在完成本职工作的同时，不辞辛苦，承担了大量的组织、撰稿以及审定工作，为此付出了艰辛的劳动。在此，谨一并表示衷心感谢。

丛书编委会

2016 年 2 月

前　言

家电制造业是我国消费品制造业中的一项重要支柱产业，对改善和提高人民生活质量水平，促进国民经济发展发挥了不可替代的作用。我国家电制造业起步于20世纪70年代末80年代初，经过30多年的发展，从小到大，从弱到强，逐步发展成为极具国际竞争力的产业。现今主要家电产品产量居世界首位，产品出口在全球市场占有较大市场份额，在世界家电产业中占据了不可或缺的位置。行业保持持续发展的同时，产业竞争力、创新力和集中度大幅提升，产品质量、安全性和智能化程度稳步提高。

家用电器标准化工作伴随我国家电制造业一起成长和发展。家用电器标准制修订初期，产品安全标准即积极采用国际标准，进而使行业发展之初就站在了与国际同行相同的标准制高点。标准化工作为保护消费者人身财产安全、规范市场秩序，引导行业健康发展，促进企业、行业参与全球化合作与竞争提供了重要的技术支撑。

在当前国际竞争新格局及国民经济发展模式转变、消费市场需求升级的新形势下，家电产业面临转型升级，实现可持续发展，由制造大国转变为制造强国的要求和挑战。在此背景下，将我国家用电器安全标准与国际、国外标准进行全面对比分析，梳理现状、摸清家底、增强信心、认清优势和不足，找准下一步家电标准化工作的发展方向，为推动行业转型升级，促进优势产能走出去，保护消费者利益提供进一步的支撑，是当前家电标准化工作的一项当务之急。

本文一方面对我国、欧盟、美国、日本、澳大利亚和新西兰、韩国等国家和地区的家用电器市场监管体制进行了梳理和对比，同时对上述国家和地区及国际电工委员会IEC的标准化机制、安全标准体系等方面的相关情况进行了对比分析。并选取使用量大面广，与消费者生活紧密相关的十几种重点家电产品，根据其不同特点就我国标准与国际、国外标准的部分重要指标和检测方法进行了认真细致的对比分析。

本卷的编写过程中，得到全国家用电器标准化技术委员会相关分技术委员会秘书处及有关技术人员的支持与合作，在此谨表示感谢。

对国外家用电器市场监管体制、标准化机制及安全标准体系进行系统研究和整体剖析，是一项具有挑战性的工作，由于诸多客观原因和编委会能力所限，本卷内容可能还存在许多不尽、不当或有待商榷之处，恳请读者批评指正。

本册编委会

2016 年 2 月

目　录

第 1 章　现状分析……1
1　国内外家用电器产品安全监管体制……1
1.1　欧盟……1
1.2　美国……8
1.3　日本……13
1.4　韩国……17
1.5　澳大利亚……19
1.6　新西兰……26
1.7　中国……26
1.8　国内外家用电器产品监管体制差异性分析……30
2　国内外家用电器产品标准化工作机制和体系建设情况……34
2.1　IEC……34
2.2　欧盟……40
2.3　美国……45
2.4　日本……52
2.5　韩国……58
2.6　澳大利亚……62
2.7　新西兰……66
2.8　中国……66
2.9　国内外家用电器产品标准化工作机制及标准体系差异性分析……71
第 2 章　国内外家用电器产品标准对比分析……74
1　通用要求标准对比分析……74
1.1　GB 4706.1 历次版本与 IEC 60335-1 的对应关系……74
1.2　GB 4706.1 与各国/地区标准的对比分析……75
2　特殊要求标准对比分析……77
2.1　电熨斗……77
2.2　真空吸尘器……78
2.3　电热毯……79
2.4　按摩器具……80
2.5　储水式热水器……81
2.6　制冷器具……83
2.7　液体加热器（电压力锅）……84
2.8　微波炉……85
2.9　室内加热器……87

2.10 洗衣机及离心式脱水机……87
2.11 洗碗机……88
2.12 吸油烟机……89
2.13 桑拿浴加热器具……89
2.14 房间空调器……91
2.15 空气净化器……92
2.16 加湿器……92
2.17 坐便器……93
第 3 章 结论建议……95
1 标准对比分析结果……95
2 相关建议……96
主要参考文献……101
附表 1 各国法律法规、管理机构及领域对比表……102
附表 2 国际标准与我国标准的对应关系表……105
附表 3 欧盟标准汇总表……114
附表 4 美国标准汇总表……125
附表 5 日本标准汇总表……131
附表 6 澳大利亚和新西兰标准汇总表……140
附表 7 韩国标准汇总表……145
附表 8 中国标准汇总表……153
附表 9 GB4706.1 通用要求……158
附表 10 GB 4706.2 电熨斗……167
附表 11 GB 4706.7 真空吸尘器……168
附表 12 GB4706.8 电热毯……170
附表 13 GB4706.10 按摩器具……174
附表 14 GB 4706.12 储水式热水器……177
附表 15 GB 4706.13 制冷器具……180
附表 16 GB 4706.19 热体加热器……181
附表 17 GB 4706.21 微波炉……181
附表 18 GB 4706.23 室内加热器……182
附表 19 GB 4706.24 洗衣机……183
附表 20 GB 4706.25 洗碗机……187
附表 21 GB 4706.26 离心式脱水机……188
附表 22 GB 4706.28 吸油烟机……192
附表 23 GB 4706.31 桑拿浴加热器具……192
附表 24 GB 4706.32 房间空调器……197
附表 25 GB 4706.45 空气净化器……198
附表 26 GB 4706.48 加湿器……200
附表 27 GB 4706.53 坐便器……200

第1章 现状分析

1 国内外家用电器产品安全监管体制

产品质量安全监管指政府机构依据法律授权，通过制定规章制度、行政许可与监督抽查等行政监管行为，发现或纠正生产过程中的危险产品，从而对社会经济个体行为进行的管控。下面分别以各国家/地区为单位，从法规制定机构、家电产品安全涉及的主要法规、认证制度、产品安全监管机构等角度，分析研究国内外家电产品安全监管体制的异同。

1.1 欧盟

欧洲标准化是欧洲经济一体化的产物。欧洲共同体（European communities，简称欧共体）是世界上最早意识到技术性贸易壁垒问题的经济联合体。欧洲联盟［简称欧盟，European Union（EU）］是由欧共体发展而来的，是一个集政治实体和经济实体于一身、在世界上具有重要影响的区域一体化组织。1985 年欧共体在其标准化进程中引入了技术协调与标准新方法。1985 年 5 月欧共体理事会批准了《技术协调和标准新方法决议》。根据这一决议，欧共体开始不断发布适用于不同行业的“新方法指令”。“新方法”在商品自由流通的法律框架内分清了欧共体立法机构和欧洲标准化组织之间的不同职责。经过 20 多年的努力，欧洲逐渐形成了一个双层结构的标准化体系，一个层面是由为数不多的具有法律强制力的欧盟指令组成的上层结构，另一层面是由数量可观的包含具体技术内容可供厂商选择的技术标准组成的下层结构。

1.1.1 立法机构

欧盟的立法机构主要包括：欧洲理事会（Council of the European）、欧盟理事会（Council of the European Union）、欧盟委员会（European Commission）、欧洲议会（European Parliament，简称 EP）、欧洲法院（European Court of Justice）。

欧洲理事会（通常称为欧盟首脑会议或欧盟峰会）是欧盟的最高决策机构，由各成员国政府首脑和国家元首组成，欧盟委员会主席也是欧洲理事会一个事实上的成员。欧洲理事会每年至少召开 4 次会议，6 月底和 12 月底举行正式首脑会议，3 月和 10 月举行特别首脑会议，也可在其他时间举行额外的首脑会议。

欧盟理事会（简称部长理事会）是欧盟的主要决策机构，由来自欧盟各成员国政府的部长组成。主席由成员国轮任，任期 6 个月。部长理事会主要负责制定欧盟法律、法规和有关欧盟发展、机构改革的各项重大政策；负责共同外交和安全政策，司法、内政等方面的政府间合作与协调事务；任命欧盟主要机构的负责人并对其进行监督。欧盟理事会秘书长兼任欧盟共同外交与安全政策高级代表。

欧盟委员会是欧盟惟一有权起草法令的机构，其主要职责是：实施欧盟有关条约、法规和欧盟理事会做出的决定；向欧盟理事会和欧洲议会提出政策实施报告和立法动议；处理欧盟日常事务，代表欧盟进行对外联系和贸易等方面的谈判。委员会总部设在布鲁塞尔，委员会任期为 5 年。欧盟委员会在每届欧洲议会选举后的 6 个月内任命，它在政治上向议会负责，议会有权通过弹劾委员会的动议而解散它。

欧洲议会（EP）是世界上唯一经直接选举产生的多国议会，也是欧盟内唯一经直接选举产生的机构。欧洲议会除和欧盟理事会共享立法权外，还有民主监督权及欧盟预算的决定权。

欧洲法院是欧盟的最高法院，主要从司法角度保证欧盟法律的有效贯彻实施。

欧洲理事会和欧盟理事会是欧盟的政府间机构，其中欧盟理事会还是欧盟的主要立法机构，主要代表成员国的利益。欧盟委员会和欧洲议会是欧盟的超国家机构，主要代表欧盟的整体利益。其中欧盟委员会是欧盟的行政执行机构，类似于主权国家的政府。欧洲议会拥有部分立法权、预算权以及咨询和监督上的权力。

1.1.2 立法程序

欧盟的立法必须涉及到几个主要机构，特别是欧盟委员会、欧洲议会、欧盟理事会。

一般由欧盟委员会提出新的立法建议，但要由理事会和议会通过才能形成法律。其他的组织和机构也可以参与立法过程。立法制定的原则和程序都以条约（Treaty）为基础，每一个新的立法建议都建立在一个特殊的条款上，作为建议的法律基础。它决定必须遵守哪一种立法程序，主要的三种程序是：咨询（consultation）、同意（assent）、共同决定（codecision）。

（1）咨询（consultation）

在咨询程序之下，理事会征求议会以及欧洲经济与社会委员会（European Economic and Social Committee，简称 EESC）、地区委员会（Committee of the Regions，简称 CoR）的意见。议会的权利包括：批准欧盟委员会的立法建议，拒绝立法建议，或者要求修改建议。如果议会要求修改建议，欧盟委员会必须考虑议会提出的所有修改意见。如果委员会接受其中任何修改意见，它会将修改后的建议再提交给理事会。

理事会审查修改后的建议之后，会决定是采纳该建议或者作进一步修改。与其他程序一样，在这一程序中，如果理事会修改了委员会的建议，它必须无异议地接受。

（2）同意（assent）

同意程序指在某项重要的决策确定之前，理事会必须得到欧洲议会的同意。

同意程序与咨询程序的情况一样，除非议会不同意修改委员会提出的建议，它必须接受该建议或者拒绝该建议。接受（即同意）需要得到绝大多数议会代表的投票。

（3）共同决定（codecision）

共同决定现在是大多数欧盟立法采用的程序。在共同决定程序中，议会不仅仅提出自己的看法，它拥有和理事会同等的立法权利。如果理事会和议会对某一项立法建议的意见不能达成一致，该建议会被提交到调解委员会（Conciliation Committee），调解委员会拥有和理事会及议会同样多的委员。一旦调解委员会对该建议达成一致意见，该建议文本会被再一次送回议会和理事会，最终将决定是否会将它采纳作为一条法律。

欧盟委员会在产品质量安全管理上的职能表现为 4 个方面：①立法：起草产品安全法规；②司法：督促产品安全法规的有效实施；③协调：组织欧盟内产品安全风险信息交流，协调各国风险产品控制和查处；④推动：以资金投入和人员培训等方式推动欧盟各国加强产品安全管理机构的建设。目前，在欧盟委员会内部，具有产品安全管理职能的部门主要有消保总司、企业总司、农业总司、内部市场总司、环保总司等。消保总司主要负责组织实施通用产品安全指令（General Product Safety Directive，简称GPSD）以及开展与消费者保护相关的消费产品立法和管理活动；企业总司负责化学品和大多数消费产品部门指令的立法工作，并具体负责化妆品、玩具、医药、医用制品和兽药等产品的安全工作；市场总司负责组织并明确不合格产品生产商的法律责任工作；环保总司负责化学制品安全。

1.1.3 主要法规

欧盟的技术法规可分为 3 个层次：基本指令（A 类）、通用产品指令（B 类）和特定产品指令（C 类）。在电气安全领域，三类指令表现为：

A 类基本指令：规定了产品的通用要求以及 CE 标志和合格评定的基本概念，是其他指令的基础，如通用产品安全指令（2001/95/EC）、缺陷产品责任指令（85/374/EEC）、CE 标志指令（93/68/EEC）、符合性评定及 CE 标志规则决定（93/465/EEC）等；

B 类通用指令：规定了具有某一技术特性属性产品的技术要求，如低电压指令（2006/95/EC）、电磁兼容指令（2004/108/EC）等；

C 类特定产品指令：针对某一类产品有关技术要求的指令，如机械指令（98/37/EC）、医疗器械指令（93/42/EEC）、无线电与电信终端设备指令（1999/5/EC）、个人保护设备指令（89/686/EEC）、电梯指令（95/16/EC）、玩具指令（88/378/EEC）、建筑产品指令（89/106/EEC）等。

三类指令的优先级分别为 C、B、A。即如果产品有对应的 C 类指令，则首先选择 C 类指令；如无 C 类指令，而属于 B 类指令范畴，则选择 B 类指令；如果既没有对应的 C 类指令，也没有 B 类指令，则需要满足 A 类指令的要求。

欧共体为了实现统一市场，消除一切贸易壁垒，实现欧共体各国人员、商品、劳务和资金的自由流通，发布了一系列的欧共体指令（Directives of EEC）。欧盟指令通常包括以下内容：适用范围、合格评定程序、CE 标志、附加条款及若干附录。欧盟指令主要内容及原则包括：进入欧洲市场流通的产品需遵守的基本安全和健康要求；有关产品安全在欧共体内各成员国的法律法规；合格评定方法与 CE 标志和 EC 合格评定的规定。表 1-1 列出了家用电器产品涉及的主要指令：

表 1-1 欧盟涉及家用电器类产品的指令

指令名称	指令编号	涉及家电产品的内容
产品责任（缺陷产品责任）指令	85/374/EEC	指令覆盖了终端产品的所有运动部件、电气、原材料和元件，且制造商对所有伤害负责任
通用产品安全指令	2001/95/EC	指令适用于所有消费者可能感兴趣的产品，食品类除外
低电压设备指令	2006/95/EEC 2014/35/EC	适用于供电电压在交流 50～1000V 或直流 75～15000V 之间的电气设备，符合该供电条件的家用电器
CE 标志指令	93/68/EEC	加贴“CE”合格标志
产品销售的共同框架	768/2008/EC	规定了合格评定程序及 CE 标志规则
产品销售的认证和市场监督要求	2008/765/EC	768/2008/EC 的补充件，规定了合格评定机构的组织和运行规则，提供了第三方产品控制框架及 CE 标志的一般原则
电磁兼容指令	92/31/EEC 93/68/EEC 91/263/EEC 2004/108/EC	适用于可能产生电磁骚扰的设备或其性能可能会受到骚扰的设备和固定成套设备
机械安全指令	2006/42/EC	为 CE 标志指令，部分电器产品涉及该指令，包含食品加工机械、洗涤机械、压缩机等
噪声指令	86/594/EEC	适用于家用电器产品
电子电气设备中限制使用某些有害物质指令	2002/95/EC（ROHS）	大型家用电器：冰箱、冷藏冷冻箱、洗衣机、空调等； 小型家用电器：真空吸尘器、清洁器、缝纫机、电熨斗、烤面包机、电煎锅、研磨机、咖啡机、剪发器、剃须刀、按摩工具等
报废电子电气设备指令	2002/96/EC（WEEE）	管理报废电气电子产品，要求回收和循环利用，包含大型家用电器、小型家用电器等
生态设计指令	96/57/EC 2005/32/EC（EuP） 2009/125/EC（ErP）	家用电冰箱、冷冻箱和组合箱的能源效率要求，规定家用和办公电子电气设备满足有关待机和关机能耗的生态设计要求等，包含微波炉、冰箱、家用电烤箱等
能源标识指令	92/75/EEC 94/2/EC 2003/66/EC 2002/31/EC 2010/30/EC 95/13/EC 96/60/EC 97/17/EC 2002/40/EC	强制性能效标识； 电冰箱等 7 种产品适用能源标识； 电冰箱、荧光灯镇流器 2 种产品能源效率要求

表 1-1（续）

指令名称	指令编号	涉及家电产品的内容
生态标签指令	2003/240/EC 2005/384/EC 2007/207/EC 2007/457/EC	电冰箱、洗衣机、洗碗机、真空吸尘器
生态标签指令	2003/121/EC	电冰箱、洗衣机、洗碗机、真空吸尘器
包装及包装废弃物指令	94/62/EC 1882/2003/EC 2004/12/EC 2005/20/EC	包装标志和合格评定程序

（1）产品责任（缺陷产品责任）指令

产品责任指令采用严格责任原则，并规定产品生产者应对其因产品缺陷造成的人身伤害和财产损失承担责任。在欧共体范围内统一确立了缺陷产品致害的原则，确保高水平的消费者保护，并要求成员国通过国内立法实施指令。但该指令允许成员国在个别条款上保留差别，不完全排斥成员国内现有的产品责任法的规定，如惩罚性赔偿、消费者自愿承担风险、共同侵权人的责任等规定仍然可以作为指令的补充继续使用。此外，指令允许成员国对损害赔偿额规定上限，但不得低于指令所规定的最低标准。

此指令涵盖了所有没有特定产品责任法律的产品，因而那些属于新方法指令、获得 CE 标志的产品也属于该指令的限定范畴。

（2）通用产品安全指令

通用产品安全指令提出了产品指令安全的基本要求，适用于除食品以外的一切消费产品，特别是对无专门法规（包含通用指令和特定产品指令）规定的产品安全要求做出的基本规定。因此，GPSD 处于欧盟产品安全法规体系中的基础地位；同时 GPSD 是一系列产品安全专门法规的基础，从产品风险控制、产品安全责任等方面对这些专门法规进行了补充和完善。

以 GPSD 为基础，欧盟产品安全的政策法规从形式上涵盖了欧盟法规体系中的规章、指令、决定和建议等各个层面；从产品范围上覆盖了玩具、化妆品等各类消费品以及机电设备、压力容器、无线电设备等工业产品；从内容上涉及产品安全责任、消费者保护等各个方面。这些法规按照欧盟委员会内部分工不同，分别有消保总司、企业总司、内部市场总司等不同部门负责组织实施。

GPSD 共有 7 章、24 条、4 个附件，其界定了产品安全等基本概念，规定了产品安全基本要求、合格评定程序和标准的采用，明确了产品生产商、经营（流通）商以及各成员国关于产品安全的法律责任。同时，还规定了风险产品的信息交流和对风险产品采取的紧急措施，决定由各成员国主管机构组成欧盟食品安全委员会，并规定了委员会的工作职责和程序。GPSD 的立法目的是为了确保欧盟市场产品的质量安全，从而保护消费者的健康安全，同时促进欧盟内部统一市场的正常运行。其适用于一切消费产品或可能被消费者使用的产品。GPSD 是一系列产品安全专门法规的基础，从产品风险控制、产品安全责任等方面对这些专门法规进行了补充和完善。

（3）低电压设备指令

低电压指令（LVD）是欧盟电气安全法规体系最重要的一部法律，它适用于供电电压在交流 50 ~ 1000 V 或直流 75 ~ 1500 V 之间的电气设备。具体而言，低电压设备包含消费性产品及设计为在此电压范围内运作的设备，如家用电器、电动工具、照明设备、电线、电缆和管线，以及配线设备等。

低电压指令（LVD）要求低电压设备不会危害人身安全以及家畜或财产安全。其目标为确保低电压设备在使用时的安全性，包括电气、机械（防护因机械原因造成的伤害）、化学（特别是有害物质的释放）、噪声、振动以及人类环境改造等方面的安全要求，这些要求均为基本健康和安全要求。欧盟成员国必须采取适当的措施，确保投放市场的电气设备不会危害人身安全，也不会危及家畜或财产安全。

符合该供电条件的家用电器均在低电压指令（LVD）的管辖范围内。低电压指令（LVD）下，对应于家用电器的协调标准为 EN 60335 系列标准。

（4）电磁兼容指令

欧盟电磁兼容指令（EMC）包含了电磁干扰（EMI）和抗干扰（EMS）两方面。在保护要求方面，指令要求设备应依据现状进行设计和制造，以确保设备产生的电磁干扰不超过无线电通讯设备或其他设备不能按预期用途正常运行的水平，并且设备对预期使用中遇到的电磁干扰应有抗扰性，预期性能没有无法接受的降低。

对应于家用电器的电磁兼容协调标准为 EN 55014-1（发射）、EN 55014-2（抗扰度）、EN 61000-3-2（谐波）和 EN 61000-3-3（电压波动），而微波炉和电磁炉的 EMI 标准为 EN 55011。

（5）机械安全指令

明确指出了制定的依据，规定了指令的使用范围，阐明了在制造及设计过程中的基本安全要求，并对 EC 合格声明、EC 型式试验、CE 标志等进行了详细的规定。

正文包括：适用机械范围、名词概念定义、市场监督、投放市场和交付使用、合格评定和协调标准、处理潜在危险机械特定措施、协调标准争议的处理程序、防护条款、机械合规性评估程序、机械半成品部分完成机械装置规程、指定认证机构、CE 标志、指令 95/16/EC 的修订说明等 29 个条款。附件主要包括：有关机械设计与制造的基本健康与安全要求、机械合格声明的要求、CE 标志、执行合格性评定的机械类别目录、安全性元件明细清单、机械半成品部分完成机械装置的组装说明要求、技术文档要求、机械制造过程内部审核的合格性评估、EC 型式试验、完善的质量保证规程、各成员指定认证机构时应考虑的最低标准。

（6）噪声指令

该指令共有 11 条，规定了公布家用电器噪声信息的通用原则、噪声的测量方法以及对噪声水平进行监管的措施。

① 信息要求

指令要求某些电器产品族的制造商或进口商应提供关于该电器发出的噪声信息，并满足以下要求：属于本信息程序的噪声水平应根据指令规定的检测方法和标准来确定；该信息可能依据规定的原则进行抽查，成员国会采取适当的措施确保制造商提供的信息符合指令的要求；制造商或进口商应对所提供信息的准确性负责。

对于同一产品族的家用电器，标签上可能提供多种信息，如其他指令规定的信息，关于噪声的信息应显示在标签上。如果家用电器发出的空气噪声信息按指令的要求标出，成员国不应拒绝、禁止或限制家用电器的销售。不歧视对市场上销售的家用电器进行的任何抽查结果，成员国应重视空气噪声信息的公布。

② 测量方法和标准

用于确定家用电器噪声的通用试验方法应足够精确，在 A 计权声功率级的情况下因测量不确定性而产生的标准偏差不超过 2dB。该标准偏差应代表所有测量不确定性造成的累计效果，排除电器在不同试验中噪声水平的差异。对于每个电器产品族，通用试验方法应补充试验条件下刺激正常使用的有关场所、装备、负载以及操作的描述，确保可重复性和可再现性。对于每个电器产品族应指出可重复的标准差异。

③ 监管措施以及标准的使用

成员国应采取所有措施，确保制造商或进口商立即纠正噪声信息，说明按规定测量的噪声水平超过公告水平。

1.1.4　认证制度

（1）合格评定模式

根据相关方法的评定模式，所有的欧盟指令通常都会给制造商提供出几种合格评定程序（Conformity Assessment Procedures）的模式（Module），制造商可根据自身和产品的情况量体选择最适合的。768/2008/EC 规定的合格评定程序分为以下几种模式：

Module A：内部生产控制

Module A 1：内部生产控制+监督产品测试

Module A 2：内部生产控制+监督产品随机间隔检查

Module B：EC 型试检验

Module C：基于内部生产控制的型式符号

Module C 1：基于内部生产控制+监督产品测试的型式符号

Module C 2：基于内部生产控制+监督产品随机间隔检查的型式符号

Module D：基于过程质量保证的型式符号

Module D 1：生产过程质量保证

Module E：基于产品质量保证的型式符号

Module E 1：最后产品检查和测试的质量保证

Module F：基于产品型式验证的型式符号

Module F 1：基于产品验证的符号性

Module G：基于单件验证的型式符号

Module H：基于完整质量保证体系的符号

Module H 1：基于质量保证+设计检查的符号性

（2）CE 标志

“CE”标志是欧盟法律规定的市场准入标志，被视为产品进入欧洲市场的护照。凡是贴有“CE”标志的产品就可在欧盟各成员国的市场销售，无须符合每个成员国的要求，从而实现了商品在欧盟成员国范围内的自由流通。

在欧盟市场“CE”标志属强制性安全符合性标志，不论是欧盟内部企业生产的产品，还是其他国家生产的产品，要想在欧盟市场上自由流通，就必须加贴“CE”标志，以表明产品符合欧盟《技术协调与标准化新方法》指令的基本要求。这是欧盟法律对产品提出的一种强制性要求。

1.1.5 产品质量安全监管机构

下面以德国和英国为例介绍其产品质量安全监管机构：

德国产品质量监管机构包括消费者组织和商品测试机构。消费者组织包括消费者研究所、消费者保护协会和消费者协会。其中消费者研究所属于私立性质，负责编写研究报告、提供法律咨询；消费者协会是德国最大的消费者组织，包括所有代表消费者利益的组织，主要职责为向政府和议会表达消费者的合理诉求，提供咨询与协调服务，进行消费者与商家间的诉讼调解与仲裁；消费者保护协会是消费者保护组织，主要职责涉及提供消费者保护咨询与集体诉讼受理的服务。商品测试机构主要为商品测试基金会与消费者信息咨询服务组织。其中商品测试基金会属于私营基金会性质，主要为本国市场上各类耐用品与消费品进行不定期抽查、比较和测试，及时向消费者公开相关检验信息；消费者信息咨询服务组织主要负责对外发布产品信息与提供咨询服务。

英国产品质量安全监管机构包括公平交易局、垄断与合并事务委员会和限制性商业行为法院。公平交易局的职责涉及调查、协议登记、提请禁令和决定豁免方面，监管方式主要为就一些限制性商业行为向公诉机关提出检举或者向法院提出诉讼，法律依据为《公平交易法》(1973 年)和《竞争法》(1980 年)。受理案件后，由专家组成垄断与合并事务委员会，直接对英国国会负责，对涉嫌厂商进行调查，出具建议式调研报告，该报告不具有强制约束力与裁决权。最后，由限制性商业行为法院依据 1956 年《限制性贸易行为法》对公平交易局所提供的上述材料进行审理和裁决。

1.2 美国

美国的法律法规体系中，不存在独立的技术法规类别。有关产品的技术法规分散存在于联邦法律法规体系中。既存在于国会制定的成文——法案（ACT）中，也存在于联邦政府部门制定的条例、要求、规范和标准中。总体上说，美国的技术法规分为两个层次，一是国会制定的法律，二是行政机构部门根据法律制定的法规。美国联邦法律法规的体系、脉络、形式、内容主要存在于《美国法典》(United States Code，USC）和《美国联邦典集》(Code of Federal Regulation，CFR）之中。

1.2.1 法律法规制定机构

强制性法律法规和自愿性标准共同构成了美国的家用电器标准体系。美国建立了不同层次的技术法规体系，联邦政府 17 个部门和 84 个独立机构都有权制定技术法规，同时美国的州、市、地方政府也制定了许多相互差异的技术法规，重点制定有关安全、卫生、健康、环保等方面的技术法规，在法律法规等法律形式文件中引用标准，使标准成为法律法规和契约合同的组成部分。

美国技术法规政策主要体现在经由总统签署的法律、各联邦机构的法规、总统行政命令。其中由总统签署的法律编入《美国法典》（United States Code，简称 USC），各联邦机构的法规和总统令则编入《美国联邦行政法典》。《美国联邦行政法典》（CFR）实际是根据《美国法典》（USC）有关法律制定的，而且其中有相当一部分是 USC 法律规定的具体实施，因此 CFR 是对 USC 的重要补充，是使 USC 法典的规定得以实施的重要手段。也就是说在市场准入方面必须关注和执行 CFR 的有关规定。涉及到家用电器的相关法律法规，主要体现在产品安全、电磁兼容（EMC）、能效要求、环保要求及电子产品的辐射等方面。家电行业涉及的法律法规主要由以下机构制定：

（1）美国职业安全与健康管理局（OSHA）

美国职业安全与健康管理局 OSHA，是美国国会依据 1970 年《职业安全与健康法》，为了保障工作场所中雇员有安全健康的工作环境和工作条件，监察与鼓励雇主和职工减少工作场所的危害，落实有效的安全与健康措施而批准成立的政府机构。它具体负责工作场所安全和保护方面的法律法规的制定和实施，涉及的产品包括装卸搬运设备、通风、消费、劳动保护材料、生产设备等。

（2）美国消费品安全委员会（CPSC）

美国消费品安全委员会（CPSC）是根据《消费品安全法》建立的一个独立的健康与安全法规管理机构，是确认消费品危险并采取行动的联邦政府机构。CPSC 管制的法律主要包括《消费品安全法》（15 USC 2051-2084）《联邦危险品法》《防止有毒包装法》和《电冰箱安全法》及其相应的法规。消费类电子电气产品属于 CPSC 管制的产品范畴。

与消费品有关的伤害问题通常无法单纯由各州或地方解决。CPSC 作为负责健康和安全的联邦政府机构，其基本使命是保护公众免受消费品的伤害，帮助消费者对产品进行评价，制定统一的消费品安全标准并尽量减少相关的州和地方法规，推动有关产品伤害的研究调查和预防。CPSC 对产品伤害原因进行调查，并利用得到的信息来制定和强化安全标准，CPSC 可以建议制定或修改自愿性安全标准，如果没有可行的自愿性标准，可以制定或修改强制性标准。自愿标准不仅与强制性法规同样有效，而且实施更为快捷、成本低。对于消费类电子产品，主要依据自愿性的 UL 标准。对于违反了强制性安全标准和存在缺陷，并有造成伤害危险的产品，CPSC 会与公司联合召回缺陷产品。此外，CPSC 还通过各种媒体向公众发出关于产品危险的警告。

（3）美国联邦食品药品管理局（FDA）

美国联邦食品药品管理局（FDA）是美国联邦政府卫生与人口部（DHHS）设立的执行机构之一。主要负责辐射类产品在使用或消费过程中产生的电离、非电离辐射影响人类健康和安全项目的检测、检验和发放证书。对医疗器械的安全控制以及电子产品的辐射控制由 FDA 下属的设备安全和辐射性健康中心（Center for Devices and Raogical Health，简称 CDRH）负责。

（4）美国联邦通信委员会（FCC）

美国电磁兼容方面的主管机构为美国联邦通信委员会（FCC）。作为独立的政府机构，直接对国会负责。FCC 主要负责全美 50 个州、哥伦比亚特区和美国所属地区的国内与国际范围的无线电、广播、有线、卫星和光缆通信的管制。为确保与生命财产有关的无线电和电线通信产品的安全性，FCC 的工程技术部负责委员会的技术支持，同时负责设备认可方面的事务。许多无线电应用产品、通讯产品和数字产品要进入美国市场，都要求获得 FCC 的许可。FCC 委员会调查和研究产品安全性的各个阶段，以找出解决问题的最好方法，同时 FCC 也包括无线电装置、航空器的检测等。

1.2.2 主要法律法规

美国政府由上至下制定了一系列涵盖所有产品且较为完善的法律法规体系，既有综合性的条款，也有详实的细则，实用性较强，取得了较高的公众认可度。如 1972 年颁布了《消费品安全法》，统一了全国消费品类的安全标准，对具有潜在危害的消费品采取没收、禁止入市流通的监管措施，从而保护消费者免受产品质量缺陷潜在危害导致的不良影响。与此同时，配套成立了美国消费品安全委员会（CPSC）专门负责法案的监督和执行。

1979 年颁布了评判标准性法律《统一产品责任示范法》，根据缺陷产品判定依据与消费者期望有紧密联系的理念，提出了产品缺陷责任认定标准，对于产品制造、说明警示与设计缺陷进行划分，规定了生产商与销售商的义务与责任、消费者权利、相关机构的管制职责与仲裁规则等。1982 年颁布了《产品责任法》，规定对产品缺陷造成的损害应承担相应的惩罚性赔偿责任。家电产品涉及的主要法规如下：

（1）《美国消费品安全法》（CPSA）

1972 年颁布。该法设立了联邦政府独立的健康和安全管理机构——消费产品安全委员会（Consumer Products Safety Commission 简称 CPSC），它的职责是保护广大消费者的利益，通过减少消费品存在的伤害及死亡的危险来维护人身及家庭安全。

CPSC 管辖多达 15000 种用于家庭、体育、娱乐及学校的消费品。但车辆、轮胎、轮船、武器、酒精、烟草、食品、药品、化妆品、杀虫剂及医疗器械等产品不属于其管辖范围。

（2）《美国国家电气规范》（NEC）

《美国国家电气规范》（National Electrical Code，NEC）通过为各种建筑的电气配线和设备制定要求来保护公众安全。这部美国电气安全领域最重要的文件依据最新的技术和行业需求每三年进行一次修订。

由美国消防委员会发布，该法规的宗旨是为人身和财产提供安全的电气产品及安全的电气安装，避免电气引起的危险。核心是消防安全、电气安全以及触电危险的防护，降低火灾危险。NEC 在照明、电气材料等方面规定了一系列的安全标准要求，涵盖了公共与私有建筑物或其他结构、工业设施以及娱乐场所的电导体与电气的安装。国家电气规范 NEC 仅为参考法规，除非地方政府或其他管理机构采用其中的部分法规或全部法规，即为强制性的，否则并非强制要求。

（3）《冰箱安全法案》（RSA）

《冰箱安全法案》（Refrigerator Safety Act，RSA）于 1956 年开始执行。它要求在遇

到特殊情况时，产品的机械结构（通常是磁性的碰锁）能够保证门能从里面打开。这种特殊情况会在儿童玩耍、爬进已废弃的或没有小心储存的冰箱中时出现。事实上许多这样的冰箱仍然在使用，一旦他们被随意地放在儿童可以轻易接触的地方，儿童就会十分危险。

（4）电磁兼容方面的法律法规

为有效实施《电信法》赋予的职责，FCC 制定了无线电、电信、电子电气等设备有关电磁兼容、频率范围等方面的技术标准作为其执法依据，这些标准被编纂列入联邦法规的 15 卷和 47 卷，成为具有强制性要求的技术法规。另外，为确保消费者生命和财产安全，FCC 还对其管制范围内的产品和设备实施了认可制度。相关法规主要是：

《USC TITLE 47》-电报、电话和无线电通信法典（永久性的法律基础）；

《TELECOMMUNICATIONS ACT》-电信法；

《COMMUNICATIONS ACT》-通信法；

《CFR TITLE 47》-美国联邦法规汇编第 47 卷（电信）。

（5）电子产品辐射方面的法律法规

美国对于具有辐射放射的电子产品是通过联邦立法的形式来控制这类电子产品辐射安全，防止消费者因使用该类产品对健康造成的影响。具体是通过 USC《联邦食品、药品和化妆品法案》第 V 章，第 C 子章《电子产品的辐射控制》，即原来的《辐射的健康和安全控制法案-1968》来保护公众避免受到电子产品可能危及健康的辐射。美国健康和人类服务部（DHHS 或 HHS）负责制定了《电子产品辐射安全的控制条例》。美国政府授权美国食品及药物管理局（FDA）对辐射产品的安全进行管理。

1.2.3 认证制度

（1）市场准入

在电气安全方面，美国各州的要求不尽相同，但是一般都要求产品取得安全认证，如 ETL、UL 认证等。

美国的认证体系由美国标准技术研究院（NIST）负责编制认证计划，美国标准学会（ANSI）负责对认证机构的注册和认可、实验室的认可，并代表美国参加国际认证互认活动。

美国的认证体系由政府和民间两部分组成。

美国政府（联邦）的认证有 61 种，分成三类：

①与用户或者公众的安全和健康相关的产品和服务认证；

②确定产品符合技术要求，保证一致性，避免重复检验；

③利用对产品质量和生产条件的客观评价，为贸易提供一个统一的依据。

其中，①类认证是强制性；②类和③类认证中，除了烟草等少数产品外，大部分是自愿性的。但是，②类产品认证中，如果由政府机构采购，或者政府提供资金担保的，则此类产品的认证变成强制性认证。

许多美国民间的认证属于自愿性认证。美国民间认证机构有 400 多家，列入 NIST 编制的认证机构仅有 108 家。其中，有些认证机构在美国、甚至在国际上影响很大，得到广泛认可，如“UL”认证。

（2）UL 认证

“UL”标志认证，涉及到建筑材料、防火设备、电器用具、电气工程材料、船用设备、煤气和油设备、自动和防盗机械设备、危险物存放设备、有阻燃要求的产品。美国海关对上述产品进口，有“UL”标志的放行，没有“UL”标志的设备需要复杂的程序进行检验。美国许多州立法规定上述产品没有“UL”标志的不准销售。上述产品发生安全问题造成的事故，消费品安全管理局（CPSC）在调查案件时，必然以 UL 标准作为判断依据。因此美国许多销售商、大百货公司、大连锁商店为避免麻烦，拒绝没有“UL”标志的上述产品。

UL 的认证检测服务主要采用列名、认可和分级 3 种方式进行。作为 UL 认证的一个有机组成部分，为保证已获得 UL 列名或认可的产品持续符合 UL 标准和要求，UL 制定了“跟踪检验”系统。“跟踪检验”是由 UL 派出分布在世界各地的现场代表，在当地工厂的生产现场对贴有 UL 标志的产品进行跟踪检验，每季度一次。目的在于通过对工厂的生产过程、检验过程以及产品，按照 UL 标准和跟踪检验细则进行核查，保证制造厂商的生产过程、检验过程和产品始终符合 UL 要求。

（3）ETL 认证

ETL 是美国电子测试实验室（Electrical Testing Laboratories）的简称。ETL 实验室是由美国发明家爱迪生在 1896 年一手创立的，在美国及世界范围内享有极高的声誉，现在隶属于 Intertek 集团。同 UL、CSA 一样，ETL 可根据 UL 标准或美国国家标准测试核发 ETL 认证标志，也可同时按照 UL 标准或美国国家标准和 CSA 标准或加拿大标准测试核发认证标志。任何电气、机械或机电产品只要带有 ETL 标志就表明此产品已经达到经普遍认可的美国及加拿大产品安全标准的最低要求，它是经过测试符合相关的产品安全标准；而且也代表着生产工厂同意接受严格的定期检查，以保证产品品质的一致性，可以销往美国和加拿大两国市场。ETL 也要求其生产场地已经过检验，并且申请人同意此后对其工厂进行定期的跟踪检验，以确保产品始终符合此要求。

1.2.4 产品质量安全监管机构

美国政府对产品质量安全监管采取多部门联合监管的形式，由法律规定的责任部门负责产品质量安全监管。联邦贸易委员负责监管所有贸易欺骗行为，法律依据为《正确包装和标签法》与《联邦贸易委员会法》等，监管方式主要为受理消费者控告与处理申诉，销毁或没收违法商品，对违法行为采取法律行动包括征收罚金、赔偿金等。食品药品监督管理局对食品、药品与化妆品等产品享有执法权与处罚权，包括安全性检测、审查注册、制定标准、逐出市场和通告处罚等。消费者产品安全委员会对除飞机、汽车以及药品等特殊品之外的其他产品享有监管权，法律依据为《联邦有毒物品法》与《消费者产品安全法》等，其在全国范围内系统收集消费品质量问题造成的伤害案件，发现风险较高的商品立即采取销售禁止、货款索回等措施。此外，该机构对标准的制定有严格的规定，如督促参与自愿性标准的制定，符合一定条件时发布强制性标准。

1.3　日本

1.3.1　法规制定机构及法规概况

（1）制定机构

日本有关电气安全的管理机构为日本经济产业省（METI）。经济产业省是主管贸易和投资的政府部门之一，负责贸易政策和吸引外资政策的制定与实施、从事进出口审批和许可等管理工作，负责全面的产业标准化法规制定、修改、颁布及有关的行政管理工作。具体工作由日本工业标准委员会（JISC）执行，其他行政管理省厅负责本行业技术标准的制定。

（2）主要法规类别

日本是法治比较健全的国家，已经建立起比较完善的法律体系。宪法是制定一切法律的基础，日本主要法律类别包括：

① 法律：国会依照宪法有关条款制定，法律效力高于宪法以外的其他任何法律，如《内阁法》（昭和 22 年 1 月 16 日法律第 5 号）。

② 政令：内阁总理为实施宪法或法律规定的有关条款，或根据法律委任制定的政府法令，如《内阁官房组织令》（昭和 32 年 7 月 31 日政令第 219 号）。

③ 省令：各省大臣为实施法律、政令规定的有关行政业务条款，或根据法律、政令的特别委任发布的命令、技术法规，如《排水基准省令》（昭和 46 年 6 月 21 日）。

④ 通告：各大臣、各委员会、各厅行政长官向所辖的各个机构、职员下达的指示，内容包括该机构职能、工作人员职责、有关法令的解释和实施方针等。

因此，日本的法规体系的层次为：法律—政令—省令—通告。

（3）技术法规的制定发布、调整范围和类别

技术法规是指“规定产品特性或有关过程和生产方法，包括适用的管理规定的强制性文件。该文件还可以包括专门适用于产品、过程或方法的术语、符号、包装、标志或标签要求。日本技术法规由政府各行政部门组织制定，以省令或通告形式发布。日本和产品有关的法律主要有 11 部，即环境基本法（平成 5 年 11 月 19 日法律第 91 号）、大气污染防治法（昭和 43 年 6 月 10 日法律第 97 号）、水质污染防治法（昭和 45 年 12 月 25 日法律第 138 号）、噪声规制法（昭和 43 年 6 月 10 日法律第 98 号）、计量法（平成 4 年 5 月 20 日法律第 51 号）、高压气体取缔法、道路运输车辆法（昭和 26 年 6 月 1 日法律第 185 号）、消防法（昭和 23 年 7 月 24 日法律第 186 号）、电器用品取缔法、消费生活用品安全法（昭和 48 年 6 月 6 日法律第 31 号）。

（4）技术法规与标准的关系

《日本工业标准化法》对技术法规与标准的关系作出如下规定：

第一，国家和地方政府依照有关法律制定技术法规时，首先要将日本工业标准的有关内容与技术法规的立法目的进行对比研究，如果没有客观或合理的理由，要引用或进行最小限度的修改后引用日本工业标准规定的内容。

第二，国家和地方政府制定采购标准时，如果没有特殊情况，要将日本工业标准

作为其采购标准。

第三，国家和地方政府为处理事务制定技术法规时，在涉及工业标准化法的有关事项时，要尊重日本工业标准。

日本技术法规引用标准有 3 种方法：

第一，指定标准的编号和制定年份的引用方法。这种方法的缺点是受指定的标准制修订年份的限制，如果标准已经修订，但只要技术法规没有修订，修订的标准就不适用于技术法规，而被指定的旧的标准却依然适用于技术法规继续执行。

第二，只指定标准编号的方法（也可有标准名称）。这种方法的好处是不受标准制修订年份的限制，标准一经修订，不管技术法规修订与否，标准即可适用于技术法规。这种方法为适应技术进步和社会发展而及时制修订标准十分有利。

第三，综合指定标准的方法。该方法的特点是不管现在还是将来制定的标准均可适用于技术法规，因为这种方法在法规中只规定依照标准的原则。

1.3.2 主要法规

（1）《电气用品安全法》及其实施措施

1961 年日本政府为了防止粗制滥造的电气用品对人身和财产造成危害，制定了《电气用品取缔法》（Electrical Appliance and Material Control Law）（DENTORL），2001 年 4 月 1 日，《电气用品安全法》（简称《电安法》或 DENAN 法）取代原《电气用品取缔法》，要求管制产品加贴 PSE 标志，并且加强了对进口商的惩罚措施。《电安法》通过规范电气用品的生产销售等环节，引入第三方认证制度，来防止由电气用品引起的危险的发生。《电气用品安全法》及其实施法规的内容如表 1-2 所示。

表 1-2　日本《电气用品安全法》

法规名称	法规内容
电气用品安全法	包含通则、交易报告、电气用品的合格评定、限制销售和使用、合格评定机构的认可（包括授权和批准两种情况，以及防止危害发生的命令）、其他规定、处罚条款共 7 章
电气用品安全法·实施令	附录给出了特定产品和非特定产品清单。附录 1 给出了 112 种特定产品的清单（之后又增加了 3 种），附录 2 给出了 338 种非特定产品清单。附录 1 第 2 栏列出的时间为对应特定产品的过渡期，而合格评定机构授权的有效期为 3 年
电气用品安全法·实施规则	附录给出了产品分类（附录 1）、型式区分（附录 2）、测试方法（附录 3）、测试设备（附录 4）和标志方法（附录 5、6、7）以及交易通报等表格
电气用品安全法·有关技术基准的省令	给出了 PSE 认证所依据技术标准的要求

根据《电气用品安全法》（DENAN）和通产省颁布的省令（技术标准），将电气产品分为指定产品（SP）和非指定产品（NSP）。

指定产品为强制性认证产品（A 类共 115 种），包括电线电缆、保险丝、配线装置

（如盒式开关、接地泄漏短路器、转换开关、接线盒等）、单相小功率变压器（如：电子设备用电压器、荧光灯镇流器等）、加热器具（如电热水器等）、电动设备等产品类别，该类产品必须获得由日本经贸产业省许可的第三方认证机构根据《电气设备和材料安全法》要求的对产品进行的测试，并需要工厂检查，获得第三方认证的产品方可加贴菱形 PSE 标志。

非指定产品为自愿性认证产品（B 类共 339 种），包括信息技术类产品，电子娱乐和家用电器类产品：如计算机、电子游戏机、打印机、电视接收机、洗衣机、电冰箱、空调器等设备。不强制要求第三方测试和认证，制造商若能根据《电气设备和材料安全法》的安全要求保证电气产品的安全结构，并进行工厂的自我检查和合格声明，即可自行贴附圆形 PSE 标志。做法类似欧洲市场的 CE 标志。

日本经济产业省于 2011 年 7 月 1 日公布《关于修订电气用品安全法施行令的部分内容的政令》。此次政令的修订，将追加 LED 灯作为《电气用品安全法》中的管辖的产品之一。并且对吸尘器及锂离子电池的产品基准范围进行扩大。规定产品：

① LED 灯等产品

LED 灯等产品替代白炽灯正在变为主流的照明器具。但是由于 LED 灯在使用时会有安全事故发生，此次将“LED 灯”及“LED 灯具”作为管制产品追加到《电气用品安全法》。

② 额定功率超过 1kW 的吸尘器

修订前，“吸尘器（额定功率在 1kW 以下）”是管辖范围内的产品。但是近年来，额定功率超过 1kW 的强力吸尘器在家庭中普及，并且发生多起吸尘器的电源线发热，消费者被烫伤烧伤的事故。因此，管辖范围扩大到“吸尘器（额定功率在 1.5kW 以下）”。

③ 特殊构造的锂离子电池

因锂离子电池的火灾事件急剧增加，2008 年已经将其正式作为管辖范围内的产品。但是特殊构造的锂离子电池，需要一定的过渡期（从 2008 年 11 月起 2 年的时间）对电池的结构进行变更。由于过渡期间已经经过，将之前不作为管辖产品的“特殊构造的锂离子电池（使用焊接或其他方式固定在机械器具中不易取出的电池，以及其他特殊构造的电池）”追加为《电气用品安全法》的管辖产品。修订案实施时间为 2012 年 7 月 1 日。

家用电器的电热水器、电子桑拿浴、水族馆加热器、杀虫器、冰淇淋冷冻机、废弃食物处理器属于指定产品，而电冰箱、洗衣机、微波炉、电风扇、电饭锅、电吹风机、厨房器具等绝大多数家用电器属于非指定产品。

（2）家庭用品品质表示法

该法制定于 1962 年，其目的在于对家庭用品质量加贴适当的标签以保护消费者的利益。《家庭用品品质表示法施行令》下的《电子设备和装置标签》规定洗衣机、电饭锅、电热毯、真空吸尘器、电冰箱、电风扇、空调器、果汁搅拌机、电加热器、电水壶、烤面包机、剃须刀、微波炉、电烤架和咖啡机等 15 种家电产品必须按照规定加贴标签，没有标签的产品不允许销售。同时要求生产商和销售商有义务标明使用说明注意事项。若有未表示或表示不正确的情况，经济产业大臣可根据《家居用品品质表示法》的规定对其进行劝说或曝光。若仍无效，则可根据处罚规定强制执行。标签标准包括“特别声明”部分，如成分、性能、大小、使用等，如冰箱标签应显示额定内部容积、耗电量、外形尺寸、使用注意等事项，洗衣机应显示标准用水量、外形尺寸、使用注意事项等内容。

（3）反不正当补贴和误导性表示法

该法由公平贸易委员会负责管理。针对家用电器的三项规定主要包括制造商的明示规则：标签项目包括规范、性能和特性，标签方法包括公示、目录、安装手册、保修期、机构描述等；制造商的补贴规则包括折扣、捆绑销售、优惠券；零售业的标签规则包括对主要电器产品的标签要求，包括制造商名称、商标、产品名称、型号、销售价格等。

（4）无线电法

由总务省负责制定。该法管辖的家电产品包括微波炉、电磁感应加热器具（如电磁炉）和超声波清洁器具等，适用于 10 kHz 或以上（不包括 50 W 或以下运行功率）的高频电流设备，以防止对其他设备的电磁干扰。

（5）食品卫生法

由厚生劳动省负责制定。该法主要规定与食品直接接触的产品，如榨汁机、电饭煲、咖啡机等产品的卫生要求。这些产品进口时应附加一份特别说明材料以及接触食品部分的制作方法表。

（6）供水设施法

由厚生劳动省负责制定。该法的目的在于使供水系统的建设和管理优化和合理化。与家用电器相关的内容为规定了与家庭供水管相连的内置式洗碗机、净水器及其他电器应遵守《供水设施法》（水道法）的相关规定，确保电器不会对水质、排水系统和其他方面造成不良影响。

1.3.3 认证制度

（1）市场准入

日本经产省实行的认证制度属典型的产品质量认证制度。其主要法律文件是 1949 年发布的，已经 5 次修订的《工业标准化法》。该文件规定了认证标志、收费、申诉、认证检验公告、工厂检查、加工技术认证、认证产品的进口、撤销认证、检验机构的审查认可、罚责以及外国厂商申请认证的规定等。为加快推进标准的实施，最近于 1997 年对《工业标准化法》的修订中重点引入了产品认证机构和实验室认可规定以及实施新的 JIS 标志的认证体系。

日本经产省实行的产品认证制度分为强制性和自愿性两类。强制性认证制度是以法律的形式颁布执行，主要指商品在品质、形状、尺寸和检验方法上均须满足其特定的标准，否则就不能在日本制造与销售，其认证产品主要有消费品、电器产品、液化石油器具和煤气用具等。

强制性认证有以下 4 种：电气产品的安全认证、消费品安全产品认证（是指使用不当可能发生事故的产品，如压力锅、安全帽、婴儿床、登山绳、秋千、滑梯等）、液化石油器具产品安全认证（指用于液化石油的调压器、加热器、高压管道、阀门、开关、压力锅等）及煤气用具安全认证（指用于煤气的热水器、炉子、压力锅、开关等）。

凡生产属于强制性认证产品的企业，必须向通产省提交认证申请书。只有经产品抽样检验和工厂质量保证能力检查合格后，才能由通产省大臣签发认证证书，并允许在出厂产品上使用规定的认证标志，以及接受事后监督检验和监督检查。无认证标志的产品法律规定不得销售或进口。

（2）PSE 认证

PSE（Product Safety of Electrical Appliance & Materials）认证（日语称之为“适合性检查”）是日本电气用品的强制性市场准入制度，是日本《电气用品安全法》中规定的一项重要内容。

凡属于“特定电气用品”目录内的产品，进入日本市场，必须通过日本经济产业省授权的第三方认证机构认证后，取得认证合格证书，并在标签上加贴菱形的 PSE 标志。

凡属于“非特定电气用品”目录内的产品，企业通过自我检测或第三方认证机构认证，符合电安法要求，保存测试结果和证明，并在标签上加贴圆形的 PSE 标志。

1.3.4 产品安全监管机构

日本产品质量监管机构主要为消费者保护会议、国民生活中心、经济产业省、厚生省和消费者保护行政机构。消费者保护会议为保护消费者权益的最高审议机构，负责出台关于保障市场公平自由竞争及消费者权益保护等方面的重要政策。国民生活中心主要从事消费政策研究，负责商品检验检查、调查研究、提供信息、处理投诉以及消费者教育研修等事务。经济产业省以国家政策为基准，制定消费者保护相关的政策、方针与方案等，主要采取 JISC 审议、确认与修改，产品质量检验、认证认可等方式达到保护消费者安全权的目的。厚生省属于行政管理部门，参照美国食品 GMP 制定国家质量安全监管规范并实施，该规范不具备法律约束力，主要起技术行政指导之用。

1.4 韩国

1.4.1 法规制定机构

韩国立法研究所作为一个政府投资的研究所，负责出版当前韩国的法案及其下属法规，同时每月出版新修订法律法规替代的相关页的补充件。法制处也在网上贴出全部法律法规，使得公众在法律法规颁布一个星期后，可以在网上搜索现有法律法规。

为了使国外可以获得韩国的法律法规，韩国立法研究所将主要法律法规翻译成英文，于 1997 年出版了英文版的法律法规汇编及其补充件。对于除了先发的规章、法案、总统令、国务总理令以及部门政令，其法律的制定由法制处协助，相关法律制定机构，如国会、最高法院、宪法法院和地方政府，通过不同的方式颁布并系统地编撰和发布这些规章。行政部门颁布的行政规章，如指示、条例和公告则在官方公报和不同的册子上发布。

韩国的技术性贸易法律法规以其基本贸易法律框架为基础，以保障人类安全和保证产品质量安全为宗旨，以在自由贸易框架下保护本国产业发展为目的，自 20 世纪 60 年代开始构建并逐步加以完善。

韩国于 1961 年 9 月制定《工业标准化法》，目的是要通过合理的产业标准来改善轻工业产品的品质和生产效率。20 世纪 70 年代以来，韩国对出口产业的培植侧重于发展技术密集型产业，随着技术水平的提升以及关税壁垒的减少，技术密集型产业贸易中所涉及的各种技术标准检验问题变得更为复杂，为保护本国生产者利益不受损害，韩国不断完善自己的 TBT 法律体系。

1.4.2 主要法规

1997 年韩国政府颁布《电器安全控制法》，由政府直接进行的型式批准改为由被授权的认证机构实施。1999 年 9 月韩国《电器安全控制法案》发布，对《电器安全控制法》进行修订。不仅强化了对电器产品的制造、使用过程的安全控制，还协调了韩国安规要求，使其与国际安全标准统一，例如，与国际电工标准、国际标准组织或国际电工委员会的指导原则保持一致。该法案是为杜绝电器产品造成的电击、火灾、机械危险、烫伤、辐射、化学等危害而设立，它一方面照顾了电器产品安全管理的实用性，避免了消费者用电危险；另一方面又整体完善了电器产品安全管理机制（例如电器安全适用标准及检测程序），从而有效地应对了国际化带来的影响。此外，该法案还规定凡是在《电器安全控制法案》中阐明的电器产品必须进行产品检测以保证安全，认证机构必须对产品生产商进行定期的工厂审查来确保产品安全一致性，输入电压在 50 ~ 1000V 区间的产品都在此认证计划内。表 1-3 体现了新旧法的主要差别。

表 1-3 韩国《电器安全控制法案》1997 年版和 1999 年版的差异

项目	旧法案	新法案
认证的实施	政府直接实施	由非盈利的第三方进行
认证基础	以型式（Type）为认证基础	以型号（Model）为认证基础
认证标准	技术要求	直接采用与国际标准 IEC/ISO 相协调的国家标准
认证产品电压范围	<600V	50 ~ 1000V
申请人	产品整机	产品整机以及产品安全关键零部件
认证范围	进口商/销售商	制造商
认证过程	没有工厂审查和监督复查阶段	增加了工厂审查和监督复查阶段
法律罚则	—	比旧法案更严厉
认证性质	强制性	允许自愿性的安全认证

为了进一步防止由市场上流通的非法或劣质电气产品引起的安全事故的发生，改革和补充该法在执行过程中发生的缺点和不足，该法再次修订并于2005年10月1日颁布执行。再次修改后的主要变化内容：

（1）对于监督检查中采用了鼓励制度对生产高品质产品的制造商采用了全面的自我检验，并且给予鼓励政策，即监督检查的次数从一年一次可延长到两年一次。

（2）安全认证的电气产品范围扩大到15种产品，如半身浴盆、足浴盆、废弃食物处理机、咖啡研磨机、高压灯等。

（3）进口的二手电气产品安全检验制度，如果进口商对进口产品执行了安全检验，可免除安全认证。

（4）加强监管防止非法产品在市场上流通，成立了地方专门检查非法产品的机构，进行市场监管。

（5）对违反安全规定的组织和个人加大处罚力度。

2014年9月韩国向WTO发布《电器安全控制法案》实施公告修订草案。为了减少对行业或企业的负担，修订关于出厂检验和认证的规则和法规，允许不同工厂制造的一种类型的产品只有一种认证，还提供实验室填写指定作为属于安全确认的产品测试机构的申请、费用计算、检测实验室变化和更新的程序和指南，以及评定小组成员的要求。同时，为了提高韩国国民的意识，避免关于安全体系术语的混淆，电器的“自我监管安全确认类别”将修改成“安全确认类别”，并在根据安全认证的产品认证中做出的任何更改在没有通知认证机构该更改的情况下将通过取消该认证予以处罚，对于不合格的电器使用相同的处罚。草案还要求标签需贴在或显示在产品和包装上。

1.5 澳大利亚

1.5.1 法规制定机构

澳大利亚沿袭英国的法律制度，建立了以普通法为基础的法律体系，但是随着时代的变迁，澳大利亚法律渊源发生了较大变化，现在的法律体系由普通法和成文法组成，主要有以下几类：

法案：由联邦议会和各州/地区议会根据其宪法立法；

法规和条例：根据法案的授权由行政机构制定，并处于议会的监督之下；

判例法：从英国的普通法发展而来，依据遵循先例好制度原则，法院的判决具有法律效力。

其他：某些不具有法律性质和法律约束力，但法院在进行裁判时可能予以考虑的具有一定影响力的活动。

澳大利亚的主要法规制定和管理机构如下：

（1）电气法规管理委员会（ERAC）

为了协调统一澳大利亚各州/地区以及新西兰的电气法规，适应竞争性工业的需要，澳大利亚和新西兰专门成立了电气法规管理委员会。ERAC由各个政府主管部门的代表组成，负责协调澳新两国电气法规政策、方针和持续的改革活动。这些活动包括法律法规、整体促进安全和防止事故、电气安装的安全、电力的生产和供应、电气工人的执照以及电气设备的安全和能源效率。ERAC 在电气设备方面的任务是争取统一的法规环境，在澳大利亚和新西兰取得共同的电气安全水平。

（2）各州/地区电气安全技术法规的法定管理机构

澳大利亚是联邦国家，电气安全符合性评估是地方政府的责任，也就是说，电器安全的认证、监督与管理工作由各州/地区的法定管理机构按照本州/地区的认证程序执行。任何一个州/地区颁发的批准证书在其他州/地区同样有效，不需任何附加手续。澳大利亚各州/地区都先后以立法的形式规定了电器产品的管理办法。虽然名称及其颁布日期不尽相同，各州/地区关于电气安全立法的内容基本一致。各州/地区法规管理机构见表 1-4。

表 1-4　澳大利亚各州/地区电气法规管理机构名录

州/地区	法规名称	管理机构
昆士兰州	2002 年电气安全法 2002 年电气安全条例 2006 年电气安全条例修订案（第一号）	劳工与工业关系部的电气安全局（Electrical Safety office,Department of Employment and Industrial Relation）
新南威尔士州	2004 年电气（消费者安全）法 2006 年电气（消费者安全）条例	商务部的公平贸易局（Office of Fair Trading, Department of Commerce）
维多利亚州	1998 年电力安全法 2009 年电气安全（设备效率）条例	首席电气监察官办公室（Office of the Chief Electrical Inspector）
西澳大利亚州	1945 年电力法 1947 年电力条例	消费者与职业保护部的能源安全局（Energy Safety WA,Department of Consumer and Employment Protection）
南澳大利亚州	2000 年电气产品法 2001 年电气产品条例 1996 年电力法 1997 年电力（通用）条例 1996 年电力（清除植被）条例	运输、能源与基建部的技术调节办公室（Office of the Technical Regulator,Department of Transport, Energy and Infrastructure）
塔斯马尼亚州	1997 年电力工业安全管理法 1999 年电力工业安全管理条例	工作场所标准局（Workplace Standards Tasmania）
首都领地	1971 年电力安全法 2004 年电力安全条例	规划国土局（ACT Planning and Land Authority）
北部领地	电力改革法 电力改革（安全与技术）条例	规划与基建部的工作安全局（NT Worksafe, Department of Planning and Infrastructure）

1.5.2 主要法规

（1）电气安全法案

澳大利亚属于联邦制国家，法律体系以州为立法单位，澳大利亚的各州议会分别根据本州的产业情况，有针对性地进行一些产业安全、环保、节能等方面的立法。如：《电气安全法案》，就电气产品的安全准入来说，虽然各州的法律规定的详细程度不同，但对电气产品的安全准入条件是相似的，所以也为各州相互接受对方的结果奠定了法律基础。除安全、环保、节能等方面的法律，为了确保法律的有效实施，各州政府还制定了一些法规（Regulations）。如：《电气安全（设备）法规》和《电气安全（设备效率）法规》。它类似于我国的认证实施细则或条例，规定了准入制度的适用范围、准入要求、申请、使用标准、标志和标志的使用的要求。此外，由于准入制度的适用范围和实施日期会随着时间的推移、技术的进步不断地变化，所以澳大利亚还常以通告（Notice）的形式发布一些范围变更的信息。

① 联邦法规

《1945 年电气安全法》，也称作“统一批准制度”，是澳大利亚各州/地区法定管理机构对于销售到澳大利亚的电气设备的电气安全要求达成的互惠协议。在该制度下，所有的电气设备可分为“公告产品/管制产品”和“非公告/非管制产品”。公告产品须符合相关的澳新安全标准，并取得法定管理机构的批准证书。非公告产品可不经认证直接销售，但是零售商、制造商必须保证该类产品的电气安全。

公告产品是指电气安全法律法规中规定的性质特别或较易引起危险的电气产品。公告产品的目录由 ERAC 公布，大致由 5 大类 50 多种产品。其中家用电器类别包含的产品有：烤面包机、电风扇、电熨斗、真空吸尘器、毛发护理器具、剃/剪毛发器具、制冷电器、洗衣机、干衣机、洗碗机、微波炉、电灶、吸油烟机、电池充电器（自动型和通用型）、移动式烹饪电器、电热毯、柔性加热毯、房间加热器、液体加热器、浸入式加热器、灭虫器、按摩电器、电烙铁、厨房用器具、电热水器（储热式和快热式）、水床加热器；家用电器部件包含器具耦合器、插头、电源线。

公告产品在销售前必须获得法定管理机构的批准证书并在产品上标识批准证书号，或加贴法规符合性标志（RCM）。电气安全法定管理机构接受 RCM 标志作为表明电气安全符合性的一种可选方式。公告产品除了接受法规符合性管理外，也可以接受由澳大利亚新西兰联合认可组织（JAS-ANZ）认可的认证机构的认证，作为法定管理机构批准的另一种替代方式。申请批准证书的资料包括：申请表、试验报告、零部件的详细彩图、样品（如果要求）、规定的费用。试验报告应由澳大利亚国家检测管理协会（NATA）、新西兰国际认可机构（IANZ）或澳新联合认可体系（JAS-ANZ）认可的实验室，或与这些认可机构有互认协议（MRA）的机构认可的实验室，或法定管理机构直接批准的实验室来颁发。试验报告应使用当前的澳新联合标准，并且包含所有条款和子条款及其测试结果的清单。试验报告应包含产品的彩图。获得批准后，法定管理机构将签发批准证书。对于电器产品，需要在标签上标识的基本信息有：产品名称、产品型号、额定电压、额定频率、额定输入电流或功率，以及电源的额定输出电压和电流。

非公告产品不在 ERAC 或 AS/NZS 4417.2《电器产品符合法规的标志　第 2 部分：电器安全法规应用的特殊要求》公布目录中，或不属于各州电气法律法规规定的电气设备。非公告产品投放市场前无需法定管理机构批准，但供应商要保证产品满足最低电气安全标准 AS/NZS 3820《低电压设备基本安全要求》的要求。

② 各州/地区法规

澳大利亚是联邦国家，电气安全符合性评估是地方政府的责任，也就是说，电器安全的认证、监督与管理工作由各州/地区的法定管理机构按照本州/地区的认证程序执行。任何一个州/地区颁发的批准证书在其他州/地区同样有效，不需任何附加手续。澳大利亚各州/地区都先后以立法的形式规定了电器产品的管理办法。虽然名称及其颁布日期不尽相同，各州/地区关于电气安全立法的内容基本一致。各州主要法规如表 1-5 所示。

表 1-5　澳大利亚各州/地区电气法规名称及主要内容

州/地区	法规名称	主要内容	备注
昆士兰州	2002 年电气安全法及其实施规范	1.《电气安全法》是该州电气安全的立法框架，建立了影响他人电气安全人员的义务和责任、电力实体安全管理系统、电工和电气承包商执照（许可）体系等方面的框架； 2. 该法适用于电力实体、雇主、个体户、电气设备和装置的设计者、制造商、进口商、供应商、安装者、维修人员、设备控制人员等； 3. 该法的四部实施规范给出了如何满足电气安全要求的实际建议	《电气安全法》下，相关方可通过《电气安全条例》、部长通告或实施规范来履行法律要求的义务。通过风险管理确定影响人身和财产安全的潜在危害和风险，建立安全的工作系统来减少这种风险
	2002 年电气安全条例 2006 年电气安全条例修订案（第 1 号）	1. 由 13 个部分组成，包括概论、电气作业、执照、在电气部件附近作业、电气安装、电气设备、电力实体的作业、电力供应、安全管理系统、认可的审核员、阴极保护系统、事故通知和报告等； 2. 第 6 部分电气设备主要规定了： ——禁止电气设备中特定单元的租赁或销售； ——对于公告电气设备的许可； ——许可的变更、转让和撤销； ——批准电气设备所要求的标志； ——批准电气设备的检测要求； ——非公告电气设备； ——禁止租赁或销售特定电气设备	

表 1-5（续）

州/地区	法规名称	主要内容	备注
新南威尔士州	2004 年电气（消费者安全）法 2006 年电气（消费者安全）条例	1.“电气（消费者安全）法”要求电器的设计和生产必须能够在正常使用时不会对使用者造成触电、伤害或死亡危险，也不会对使用者的财产造成火灾损失； 2. 电气（消费者安全）法及其实施条例涵盖强制性认证的公告产品和其他电器产品，其中法律提及的强制认证产品有 55 种，它们在销售前必须经过测试，并获得公平贸易司或两国其他法定管理机构的批准，批准通过产品标识体现。非强制电器产品必须可以安全使用	—
维多利亚州	1998 年电气安全法 1998 年电气安全（设备）条例 1998 年电气安全（管理）条例	1. 电气安全法规定了电气设备的电力供应、使用和效率； 2. 设备条例规定了电气设备的最低安全标准、“管制电气设备”的批准和其他电气设备的认证； 3. 管理条例规定了电气安全管理制度和电气安全管理者应遵守的标准以及推荐接受的程序	电气安全法要求提供二手电气设备的商人应在产品上加贴标签说明电气设备是旧的，以及设备是否经过了测试；二手设备的购买者应留意有关如何安全使用二手家用电器设备的建议
西澳大利亚州	1945 年电力法 1947 年电力条例	1.《1945 年电力法》禁止大多数未经澳大利亚管理机构批准的家用电器的销售；规定能源安全局局长应确定须经局长（或其他州法定管理机构）批准的电气设备的种类和类型，这些管制产品是 AS/NZS 4417.2:1996 附录 E4 中列出的产品；进口到西澳进行销售或租赁的管制产品应获得批准并符合特定的澳新电气安全标准。 2.《1947 年电力条例》第 10 节涉及电器安全	—
南澳大利亚州	1996 年电力法 1997 年电力（通用）条例 1996 年电力（清除植被）条例	1.《电力法》第 8 部分规定了技术调节官的职能：供电行业安全和技术标准的监管和调控、电气安装安全和技术标准的监管调控等；	《电力法》及其条例旨在提供保障该州消费者持续使用安全、可靠和高质量的电力

表 1-5（续）

州/地区	法规名称	主要内容	备注
南澳大利亚州	1996 年电力法 1997 年电力（通用）条例 1996 年电力（清除植被）条例	2. 通用条例涵盖了安全、技术及相关要求：包括电力基础设施、电气安装及相关工作、保护在导体或电气设备附近工作的人、阴极保护系统等； 3. 清除植被条例规定了清除电力线周围植被的要求，旨在向那澳大利亚州提供一种安全有效的电力传输和配送系统，减少森林火灾、对电力线的损害以及可能的电力输送损耗、电击等危害	供应，以及在充满竞争的国际电力市场上有着安全的电气安装的法律框架
	2000 年电气产品法 2001 年电气产品条例	《2000 年电气产品法》在电气安全、能效标签和最低性能方面管控“公告电气产品“的销售、租赁和广告。公告产品需要获得 OTRSA 或其他州法定管理机构的许可，获得许可前，任何人不得销售、租赁、提供或宣传该产品。 该法指定“公告电器产品“清单，该清单随时间发展而完善（现有 56 类产品）。包括涉及大量火灾和/或电击（触电）事故的洗衣机、干衣机、房间加热器、电热毯等“高风险”产品，要求这些产品在销售前进行入市前许可。 该法还要求技术调节官监管电气产品故障，如果必要，采取纠正措施从市场上撤回危险品	
塔斯马尼亚州	1997 年电力工业安全管理法 1999 年电力工业安全管理条例	该法规定了电气承包商和工人的规章以及电气产品的安全标准和其他相关事宜。该法提及 52 类电气设备，也称为“公告产品”，在销售前必须经过检测和认可。公告产品应经过工作场所标准局或澳大利亚其他法定管理机构的批准，国外批准证书和标志不被接受	—
首都领地	1971 年电力安全法 2004 年电力安全条例	—	—
北部领地	电力改革法 电力改革（安全与技术）条例	—	—

（2）EESS 系统

澳新电气法规管理委员会（ERAC）为了协调统一 SAA、A-tick、C-tick 等电气安全认证体系，2013 年 3 月 1 日建立并实施了新的电气安全系统（EESS），在各州之间实施国家统一的电气安全法规。新 EESS 系统涵盖所有额定电压在交流 50～1000V 或直流 120～1500V、设计或推广作为家庭或类似用途的产品，并将原来的强制和非强制两类产品改为1类（低风险）、2类（中等风险）和3类（高风险）3个等级分类，经此前定义为公告产品的划分为3类，非公告产品划分为1类；列于AS/NZS 4417.2：2012《电器产品符合法规的标志　第2部分：电器安全法规应用的特殊要求》范围内电器产品分别划分为2类和3类。

对于家用电器而言，原有公告产品清单中的32种家电产品（AS/NZS 4417.2中列出）在澳大利亚均划分为3类产品，包括：制冷器具、洗衣机、干衣机、洗碗机、微波炉、电热水器、房间加热器、浸入式加热器、液体加热器、电灶、吸油烟机、真空吸尘器、电熨斗、电风扇、烤面包机、厨房器具、便携式烹饪器具、毛发护理器具、剃/剪毛发器具、电热毯、柔性加热谈、按摩器具、灭虫器、电池充电器、水床加热器、地板处理机和擦洗机、紫外线辐射皮肤器具、缝纫机、电围栏激励器、住宅用车库门驱动器等。在新西兰，除了电热毯、电围栏激励器、灭虫器、房间加热器这4种产品仍为3类产品，其他28种产品列为2类产品。未列入AS/NZS 4417.2：2012的家电产品则属于1类产品，1类产品应满足AS/NZS 3820最低电气安全标准的要求。自2013年3月1日起，所有责任供应商需要为在澳洲当地生产或进口的范围内产品在EESS系统里做相关的信息登记，责任供应商必须是澳州或新西兰的经营公司实体。各类别的电气产品在澳洲和新西兰销售时必须在产品上标上RCM标志。所有的供应商和2类、3类产品必须在国家注册数据库内注册，即意味着原来很多无需进行注册的非强制性产品在该系统实施以后也需进行注册。所有认可发证机构出具的符合证书及证书内容会记录在国家认证数据库内。RCM标志的实施时间表如下：

——新的澳洲代理商自2013年3月1日起，必须在新的数据库进行注册登记，并使用RCM标志。

——对于已在ACMA旧数据库注册的澳洲代理商更新标志有3年过渡期，2013年3月1日至2016年3月1日期间，3年内销售的产品可继续使用C-tick或者A-tick标志。

——自2016年3月1日起，即过渡期满后，所有澳洲代理商需要在新的数据库登记，所销售产品需统一开始使用RCM标志，C-tick和A-tick标志将被淘汰。

目前新南威尔士州没有加入该系统，因此该系统不适用于该州。

1.5.3　电气安全法规符合性管理制度

澳大利亚和新西兰采用产品投放市场前的批准制度进行安全法规的符合性管理。以国际通行的制造商自我声明为基础，不同于通常流行的产品认证。电气安全符合性管理制度采用“产品投放市场前的型式试验确认+供方合格声明+官方批准证书（公告产品）+市场监督”的方式，即在制造商自我声明的基础上经法定管理机构批准，可操作性强，评定费用低。

电气安全法规符合性管理制度的市场监管方式主要有：

（1）市场监督

市场监督是电气安全法规符合性管理制度实施的基本保证。监督方式包括销售前的批准或注册，不合格申请人的调查，定期和随机的市场售后监督。通过市场监督，当官方发现特定的电器或特定类别的电器由于设计或结构原因导致不安全，或有证据证实死亡、人身或财产伤害是由于这些电器引发时，官方将发出禁令。

（2）市场禁止

官方在政府公报和报纸发布公告，禁止特定电器或特定类别的电器的供应，同时书面通知这些电器的经销商，自公告之日起禁止销售，违反禁令将受到处罚。

（3）缺陷产品的召回

召回分为供方自愿召回和官方强制召回两种。如果法定管理机构发现特定产品由于设计或结构原因导致不安全，将发出通知，要求销售商或供应商在规定时间内采取通知所要求的行动，包括：

①发出书面通知给购买产品的客户将产品退回原供应地；

②在规定时间内在报纸上刊登由法定管理机构核准的广告，或在法定管理机构指定的报纸上刊登广告，请求购买产品的顾客将所购产品退回采购地；

③对缺陷产品进行维修或替换，使之能安全使用，或按通知要求给予补偿。

（4）处罚机制

处罚主要包括个人罚款或监禁、企业罚款等。具体金额各州有所不同。

1.6 新西兰

新西兰与澳大利亚技术法律、法规体系相同，只是它不是联邦制的国家，它是以国家为立法单位由议会进行立法的。

新西兰经济发展部的能源安全局负责确保各类电器能符合新西兰的安全要求。电气安全包括避免触电、起火和灼伤，以及由锋利边缘导致受伤的危险。

根据《1997 年电力条例》的规定，所有在新西兰的电器必须满足基本安全要求，电器行业有责任提供安全的产品。2002 年能源安全局代表新西兰政府重新审议和咨询了新西兰电器安全及其相关的符合性管理制度。审议和咨询结果是更新了电器安全制度，即处理新西兰贸易协议，同时确保电器市场的安全。制度的变更旨在通过以下措施保证交付给公众的电器产品是安全的：

——通过对不符合产品的法律处罚，提供保证电器安全的法律要求；

——提供认可方法，以便供应商确定其进口电器的安全性（包括认可标准和认可检测机构）；

——提供对新西兰贸易伙伴认证和检测体系的认可制度，特别是澳大利亚、新加坡和欧盟，允许对中国台湾、中国香港和亚太经合组织等其他体系的认可；

——对于那些安全缺陷被评定为高风险的电器产品，需提供供应商声明或销售前获得许可。

1.7 中国

1.7.1 法律法规

目前我国现行法律、法规体系中没有技术法规的表述，法学界对技术法规也没有给出统一概念。目前我国技术法规的表现形式主要包括以下几类：

一是法律。即由全国人民代表大会及其常务委员会制定的规范性文件，如《中华人民共和国进出口商品检验法》等。

二是法规。包括行政法规和地方性法规两类。

三是规章。包括国务院部门规章及地方政府规章两类。根据《中华人民共和国立法法》，国务院各部委及具有行政管理职能的直属机构，可以根据法律和国务院的行政法规、决定、命令，在本部门权限范围内制定规章。由于我国产品质量监管涉及多环节、多部门、多层面，为履行管理职能，国家及各地产品质量监管相关部门纷纷根据行政管理的实际需要，以部门规章或地方政府规章的形式制定涉及或专门规定产品管理要求的文件或规定。

四是强制性标准。强制性标准是《中华人民共和国标准化法》规定的具有强制执行效力的标准，与推荐性标准相对应，其表现形式包括国家标准、行业标准和地方标准，是规定了保障人体健康、人身财产安全等内容以及法律法规规定强制执行的标准。按照 TBT 协定关于标准的定义，标准与技术法规相对，属非强制执行的产品技术规范。我国强制性标准无论是制修订程序还是编写格式及内容等，都与不具强制执行效力的推荐性标准无异，具有一般标准的固有属性。但与此同时，《中华人民共和国标准化法》明确赋予了强制性标准强制执行的效力，使强制性标准符合了技术法规的基本属性。但强制性标准虽然制定主体与规章相近，具有法律的强制执行效力，但其制定程序并未按立法程序进行，而是与推荐性标准制定程序无异，其发布形式也是以标准制定主管部门公告形式发布，因此，强制性标准不属于规章，而是属于规章以下的其他规范性文件。

我国家电产品涉及的主要法律法规和规章汇总见表 1-6。

表 1-6 家用电器产品涉及的我国相关法律法规、规章汇总表

序号	名称	发布机构	发布时间	主要内容	目的
1	中华人民共和国产品质量法	人民代表大会	1993 年首次发布，2000 年修正	规定了产品质量的监督，生产者、销售者的产品质量责任和义务，损害赔偿及罚则等	加强对产品质量的监督管理，提高产品质量水平，明确产品质量责任，保护消费者的合法权益，维护社会经济秩序
2	消费者权益保护法	人民代表大会	1993 年首次发布，2013 年修正	规定了消费者的权力、经营者的义务、国家对消费者合法权益的保护、消费者组织、争议的解决、法律责任等	保护消费者权益，规范经营者行为，维护社会经济秩序
3	中华人民共和国侵权责任法	全国人民代表大会常务委员会	2009 年 12 月 26 日	规定了责任构成和责任方式、不承担责任和减轻责任的情形、关于责任主体的特殊规定、产品责任、机动车交通事故责任、医疗损害责任、环境污染责任等内容	保护民事主体的合法权益，明确侵权责任，预防并制裁侵权行为，促进社会和谐稳定

表 1-6（续）

序号	名称	发布机构	发布时间	主要内容	目的
4	标准化法	人民代表大会	1988 年首次发布，目前修订中	规定了需要制定标准的范围、标准制定、标准实施、责任等	促进技术进步，改进产品质量，提高社会经济效益，维护国家和人民的利益
5	中华人民共和国计量法	全国人民代表大会常务委员会	1985 年 9 月 6 日通过，2015 年对个别内容作出修改	对计量单位、计量器具管理、计量监督、法律责任等内容予以规范	加强计量监督管理，保障国家计量单位制的统一和量值的准确可靠，有利于生产、贸易和科学技术的发展，适应社会主义现代化建设的需要
6	中华人民共和国广告法	全国人民代表大会常务委员会	1994 年 10 月 27 日通过，2015 年 4 月 24 日修订	规定了广告内容准则、广告行为规范、监督管理、法律责任等内容	规范广告活动，保护消费者的合法权益，促进广告业的健康发展，维护社会经济秩序
7	中华人民共和国食品安全法	全国人民代表大会常务委员会	1995 年颁布，2009 年、2014 年两次修订	针对食品安全风险监测和评估、食品安全标准、食品生产经营、生产经营过程控制、标签/说明书和广告、特殊食品、食品检验、食品进出口等内容予以规定	保证食品安全，保障公众身体健康和生命安全
8	中华人民共和国进出口商品检验法	全国人民代表大会常务委员会	1989 年 2 月 21 日通过，2002 年修订	规定了进口商品的检验、出口商品的检验、监督管理、法律责任等内容	加强进出口商品检验工作，规范进出口商品检验行为，维护社会公共利益和进出口贸易有关各方的合法权益，促进对外经济贸易关系的顺利发展
9	中华人民共和国认证认可条例	国务院	2003 年首次发布	规定了认证机构应具有的资质和条件，认证和认可的工作程序及要求，监督管理、法律责任等内容	规范认证认可活动，提高产品、服务质量和管理水平，促进经济和社会发展

表 1-6（续）

序号	名称	发布机构	发布时间	主要内容	目的
10	工业产品生产许可证管理条例	国务院	2005 年 6 月 29 日通过	明确了实行生产许可证制度的重要工业产品的范围、申请与受理、审查与决定、证书和标志、监督检查、法律责任等内容。电热毯等家电产品属于范围内产品	保证直接关系公共安全、人体健康、生命财产安全的重要工业产品的质量安全，贯彻国家产业政策，促进社会主义市场经济健康、协调发展
11	强制性产品认证管理规定	国家质量监督检验检疫总局	2001 年 12 月通过，2009 年 5 月 26 日新版通过	规定了国家对实施强制性产品认证的产品，统一产品目录，统一技术规范的强制性要求、标准和合格评定程序，统一认证标志，统一收费标准。明确规定认证模式、认证规则、认证证书和认证标志、监督管理等内容	规范强制性产品认证工作，提高认证有效性，维护国家、社会和公共利益
12	产品质量监督抽查管理办法	国家质量监督检验检疫总局令	2010 年 11 月 23 通过	规定了监督抽查产品范围、监督抽查的组织、监督抽查的实施（包括抽样、检验、异议复检、结果处理等）、法律责任等内容	规范产品质量监督抽查工作

1.7.2 强制性标准

目前，我国家用电器的安全标准为 GB 4706 系列标准，其由两部分组成，即 GB 4706.1《家用和类似用途电器的安全 第 1 部分：通用要求》和 GB 4706.××，即具体产品的特殊要求。目前通标加特标标准数量为百余项，覆盖上百种产品。

1.7.3 3C 认证制度

2002 年 5 月 1 日，我国开始实施强制性产品认证制度（China Compulsory Certification，简称 CCC 认证），并自 2003 年 8 月 1 日起强制实施，即自 2003 年 8 月 1 日起，列入 CCC 目录的产品，必须获得 CCC 证书并加贴 CCC 标志后，方可出厂、进口、销售和在经营性活动中使用。目前列入 CCC 目录的产品共有 22 类 163 种产品。

家用电器产品属于国家强制性产品认证范围内的产品。

（1）认证依据

认证的法律依据为《产品质量法》《进出口商品检验法》《标准化法》《认证认可条例》。强制性产品认证制度的对象为涉及人体健康、动植物生命安全、环境保护、公共安全、国家安全的产品。

家用电器产品认证的技术依据主要为 GB 4706 系列及其相关标准。

（2）实施认证主体

经国家认证认可监督管理委员会授权承担强制性产品认证工作的认证机构，目前有 20 余家，包括中国质量认证中心、中国安全技术防范认证中心、中国农机产品质量认证中心、中国建筑材料检验认证中心、北京中化联合质量认证有限公司、公安部消防产品合格评定中心、中汽认证中心、北京国建联信认证中心有限公司、方圆标志认证集团、北京中轻联认证中心等。

（3）认证模式

国际通用的第 5 种认证模式：产品测试+工厂检查+获证后监督。

1.7.4 产品安全监管机构

我国产品质量安全监管部门职能划分主要依赖政府调制与法律规定，如《产品质量法》规定全国产品质量监督工作由国务院产品质量监督部门主管，即国家质检总局与地方各级质量技术监督局构成产品质量监督管理主体。此外，还包括国家工商行政管理总局及下属消费者权益保护局、商务部与农业部、海关总署监管司等监管部门。如对于进出口产品，质检总局检验监管司承担进出口商品检验监督、风险评估与行政许可等职责，海关总署监管司负责进出口货物通关监管等职责，进出口食品安全局承担进出口化妆品与食品风险分析、检验检疫与监督管理等职责；对于流通环节产品，工商总局的职能定位为市场运行管制，商务部的职能定位为市场贸易行业管制；质检总局产品质量监督司承担了产品质量监督抽查、检验许可、指导协调等综合监管工作。

为确保强制性产品认证制度的有效实施，对 CCC 认证目录里的产品采取的市场监管方式主要是日常监督检查与专项检查相结合，不断采取各项措施完善并创新目录内产品证后监督工作。监管的重要内容是未经 CCC 认证的产品、假冒 CCC 认证标志的产品、受到消费者投诉的产品。

1.8 国内外家用电器产品监管体制差异性分析

1.8.1 国内外法律法规体系对比

（1）体系结构对比

WTO《技术性贸易壁垒协定》（TBT 协定）中规定技术法规与标准、合格评定程序共同构成三大技术性贸易壁垒形式。

①国外法律法规体系结构

以欧美日为代表的发达国家家电产品涉及的法律法规基本上由两个层次构成。第一层是适用于所有消费品的基础层的法律法规。如欧盟的通用产品安全指令（GPSD）2001/95/EC、缺陷产品责任指令 85/374/EEC、合格评定程序和合格标志 93/68/EEC、93/465/EEC 等；美国的消费品安全法（CPSA）、日本的消费生活用品安全法等。第二层即产品层的法规，大致可以分为两类，一类是针对某些技术特性的法规，如欧盟的低电压指令 2006/95/EEC、电磁兼容指令 2004/108/EC，美国的国家电气规范、电磁兼容法规和电子产品辐射控制法规等，以及日本的电气用品安全法及其实施令、实施规则、省令等；另一类是特定的产品法规，如欧盟的机械指令 2006/42/EC、美国的冰箱安全法案等。

因此，欧美日澳韩等国家和地区的构成模式为：基础法律法规（通用产品要求）+产品（某类或某种）法规+技术标准。

其中，基础法律法规与产品法规的区别在于前者适用范围更广，覆盖种类众多的产品，如消费品安全法；而产品法规主要规定某类产品或某个技术特性，如欧盟的低电压指令和机械指令。

产品法规介于基础法规与技术标准的中间层，起到了承上启下、衔接互补的作用，构建起更为完善、科学的产品质量安全管理体系。产品法规及配套的实施细则，通常规定了某类或某种产品所涉及的安全要求、使用标准、合格评定程序及机构、市场监督及惩处等内容，与基础层的法律相比，考虑了某类（种）产品的基本特征，既涉及了一定的技术内容，又涵盖了针对产品特性的特定管理要求和措施，是更具有针对性的产品安全符合性管理制度；而技术标准则主要规定产品的具体指标要求及相应的测试方法，与强调产品技术细节的标准相比，技术法规更重视保证产品在市场正常流通应满足的基本要求。无论是基础法规，还是产品法规，主要聚焦点在于产品安全、保护消费者权益、环境保护、人类健康等方面。基础法规、产品法规和技术标准的适用范围和侧重点各有不同，从不同的角度，共同构筑起产品安全质量管理的屏障。

② 我国法律法规体系结构

我国法律法规的构成模式为：基础法律法规+技术标准。

其中基础法规涉及产品质量、标准化、计量、认证认可、监督抽查、广告、消费者权益保护等方面的规章，通常适用于所有市场中流通的产品，其核心是规范相关方的行为；技术标准主要规定产品具体的指标要求及测试方法，部分标准涉及标签标识和使用说明方面的规定。与国外的产品质量安全管理体系相比，没有针对特定技术属性或产品的法规。按照我国标准化法的规定，产品安全标准为强制性标准，具有技术法规的效力。

GB 4706 家用和类似用途电器的安全“通用要求”及“特殊要求”等系列标准为家用电器领域的电气安全标准，属强制性标准。

（2）法规内容对比

① 基础层法律法规内容对比

国内外基础层法律法规内容对比见表 1-7。

表 1-7 国内外基础层法律法规比较

	欧盟	美国	日本	中国
比较法规	• 通用产品安全指令 • 缺陷产品责任指令	美国消费品安全法	消费生活用品安全法	产品质量法/消费者权益保护法/认证认可条例/强制性产品认证管理规定

表 1-7（续）

	欧盟	美国	日本	中国
主要内容	1. 产品通用安全要求及合格评定方法 2. 生产商和经销商的职责 3. 快速预警系统交换信息 4. 对危险产品采取紧急措施 5. 产品责任	1. 产品安全信息及公开披露 2. 消费品安全标准及制定程序 3. 产品证书、标签及检查 4. 被禁止的行为及处罚 5. 对危险产品给予重点强调	1. 市场准入规定 2. 特定维护产品的信息及检查制度 3. 产品事故措施 4. 罚则 5. 修订版强调安全事故报告及信息披露	1. 产品质量监督 2. 生产者、销售者的产品质量责任和义务 3. 损害赔偿及罚则 4. 消费者的权利义务法律责任 5. 产品合格评定
共同点	1. 目的在于保护消费者利益 2. 规定消费品制造商、销售商的责任和义务 3. 损害赔偿及罚则 4. 产品合格评定			
差异	1. 国外法规高度重视产品安全信息问题，信息交换和公开披露规定更为明确具体； 2. 对危险品和缺陷产品的处理予以法律化，如欧盟缺陷产品责任指令； 3. 特别强调具有高度危险的产品，如美国针对割草机，日本对特定产品（如家电）的信息规定和点检制度			

② 产品层法规内容对比

国内外产品层法律法规内容对比见表 1-8。

表 1-8　国内外产品层法律法规比较

	欧盟	美国	日本	澳大利亚和新西兰	韩国	中国
比较法规	低电压指令（LVD）	美国国家电气规范（NEC）	电气用品安全法及其实施规则	1945 年电气安全法	电器安全控制法	GB 4706 系列标准
主要内容	1. 适用范围 2. 安全要求 3. 使用标准 4. 合格评定程序 5. 公告机构 6. 市场监督 7. 安全检测	1. 范围 2. 布线和保护 3. 配线方法和材料 4. 一般使用设备 5. 特殊场所 6. 特殊设备 7. 特殊状态及通讯系统	1. 通则 2. 交易报告 3. 合格评定及机构授权、批准 4. 限制销售和使用 5. 防止危害发生的命令 6. 其他规定及处罚条款 7. 实施规则中	也称作“统一批准制度”，是澳大利亚各州/地区法定管理机构对于销售到澳大利亚的电气设备的电气安全要求达成的互惠协议。在该制	强化了对电器产品的制造、使用过程的安全控制，还协调了韩国安规要求，使其与国际安全标准统一	

表1-8（续）

	欧盟	美国	日本	澳大利亚和新西兰	韩国	中国
主要内容		8. 表格及附录（附录A为产品安全标准）	给产品分类、型式区分、测试方法、测试设备的技术要求、标志方法等内容	度下，所有的电气设备可分为“公告产品/管制产品”和“非公告/非管制产品”		
备注	安全要求：提出11个安全目标，包括避免物理伤害、危险温度、电弧或辐射、绝缘保护、机械伤害等； 安全检测：提出产品安全性的关键因素、强调元器件和材料安全性的评价检测	宗旨是提供安全的电气产品及安全的电气安装，避免电气引起的危险。核心是消防安全、电气安全以及触电危险的防护，降低火灾危险。每三年修订一次	《电安法》将453种产品分为特定产品A类和非特定产品B类	属联邦制国家，除了联邦法规，各州都有电气安全立法。虽然各州法律规定的详细程度不同，但对电气产品的安全准入条件是相似的，为各州相互接受对方的结果奠定了法律基础	多次进行修订，旨在避免和减少消费者用电危险；另一方面又不断完善电器产品安全管理机制	
差异性	1. 国外产品法规规定了涉及某类产品的全面的市场符合性管理制度，对产品的设计、生产、销售及使用的全过程进行的监管，具有集成性、完整性等特点； 2. 产品法规中的技术内容与标准中的技术内容有较大差异： • 产品法规中涉及的技术内容主要涉及基础的安全要求和检测程序，更为原则性、框架性和引导性； • 标准中的技术内容规定产品应达到的具体安全要求、测试方法等，更为具体、详细，成为法规的技术支撑。					

1.8.2 认证制度及市场监管对比

（1）欧美日等国家市场经济水平高度发达，并非常重视通过立法和法律的实施来促进认证工作的开展，其所建立的市场监管机制有效地保证了实施市场监管的效果，保证了投放到市场或交付使用的产品不危及人身安全，达到了市场监管的目的。

（2）德国、日本的消费品安全监管机制中，高度重视消费者的参与和监督。如日本的消费者保护会议为保护消费者权益的最高审议机构，负责出台关于保障市场公平自由竞争及消费者权益保护等方面的重要政策；德国消费者协会、消费者保护协会的主要职责为向政府和议会表达消费者的合理诉求，进行消费者与商家间的诉讼调解与仲裁，及保护消费者的相关活动。

（3）我国对于强制性产品的监管，是以政府为主导、地方监管部门为辅助的市场监管体系，取得了良好的实施效果。但由于我国企业社会责任意识和社会诚信体系尚未完全建立，有关产品安全认证责任的法律、法规有待完善，市场监管从制度建设、组织实施到监督管理等方面有待进一步完善和加强。

2 国内外家用电器产品标准化工作机制和体系建设情况

2.1 IEC

2.1.1 技术委员会

国际电工委员会（International Electro technical Commission，简称 IEC）成立于 1906 年，是世界上成立最早的非政府性国际电工标准化机构，是联合国经济及社会理事会（ECOSOC）的甲级咨询组织。1947 年 ISO 成立后，IEC 曾作为电工部门并入 ISO，但在技术上、财务上仍保持其独立性。根据 1976 年 ISO 与 IEC 的新协议，两个组织都是法律上独立的组织，IEC 负责有关电工、电子领域的国际标准化工作，其他领域则由 ISO 负责。目前，IEC 成员国包括了绝大多数的工业发达国家及一部分发展中国家。这些国家拥有世界人口的 97%，其生产和消耗的电能占全世界的 95%，制造和使用的电气、电子产品占全世界产量的 90%。IEC 的宗旨是促进电工标准的国际统一，电气、电子工程领域中标准化及有关方面的国际合作，增进国际间的相互了解，为实现这一目的，出版包括国际标准在内的各种出版物，并希望各国家委员会在其本国条件许可的情况下，使用这些国际标准。IEC 的工作领域包括电力、电子、电信和原子能方面的电工技术。

在国际电工委员会（IEC）中，致力于家用电器标准制定的技术机构主要有：IEC/TC 61“家用和类似用途电器的安全技术委员会”，IEC/TC 59“家用和类似用途电器的性能技术委员会”，IEC/TC 77“电器设备（包括网络）之间的电磁兼容性技术委员会”和 CISPR“无线电干扰特别委员会”，IEC/TC 111“电工系统及环境标准技术委员会”。

2.1.2 家电安全标准体系

（1）IEC 60335 标准

IEC/TC 61 制定的标准主要是 IEC 60335“家用和类似用途电器的安全”系列标准。该系列标准是世界各国设计、生产家用电器产品和进行贸易所依据的技术基础。

该系列标准主要由两部分构成：IEC 60335-1 是通用要求，适用于所有的家电产品；IEC 60335-2-xx 是针对具体产品的特殊要求，目前有 100 余项标准，涉及产品种类百余种。通用要求和特殊要求配合使用，其中 IEC 60335-1“通用要求”是安全系列标准的基础，目前已经发展到第五版。

① IEC 60335-1 的版本更新情况

见表 1-9。

表 1-9 IEC 60335-1 版本情况

年份		版本
1970 ~ 1976	1970	1.0 版
	1973	增补件 1
	1974	增补件 2
1976 ~ 1991	1976	2.0 版
	1977	增补件 1
	1979	增补件 2
	1982	增补件 3
	1984	增补件 4
	1986	增补件 5
	1988	增补件 6
1991 ~ 2001	1991	3.0 版
	1994	增补件 1
	1999	增补件 2
2001 ~ 2010	2001	4.0 版
	2004	增补件 1、4.1 版
	2006	增补件 2、4.2 版
2010	2010.05	5.0 版
	2010.07	增补件 1

② IEC 60335-1 历次版本章节变化

见表 1-10。

表 1-10 IEC 60335-1 历次版本章节变化情况

章节	2.0 版	3.0 版	4.0 版	5.0 版
	1976	1991	2001	2010
1	范围	范围	范围	未作调整
2	定义	定义	规范性引用文件	
3	一般要求	一般要求	定义	
4	试验的一般条件	试验的一般条件	一般要求	
5	额定值	空章	试验的一般条件	

表 1-10（续）

章节	2.0 版	3.0 版	4.0 版	5.0 版
	1976	1991	2001	2010
6	分类	分类	分类	未作调整
7	标志和说明	标志和说明	标志和说明	
8	电击防护	易触及带电部件的防护	对触及带电部件的防护	
9	电动器具的启动	电动器具的启动	电动器具的启动	
10	输入功率和电流	输入功率和电流	输入功率和电流	
11	发热	发热	发热	
12	带有加热元件器具的超负载情况下的运行	空章	空章	
13	工作温度下的泄漏电流和电气强度	工作温度下的泄漏电流和电气强度	工作温度下的泄漏电流和电气强度	
14	收音机和电视机的干扰抑制	空章	瞬态过电压	
15	耐潮湿	耐潮湿	耐潮湿	
16	泄漏电流和电气强度	泄漏电流和电气强度	泄漏电流和电气强度	
17	过载保护	变压器和相关电路的过载保护	变压器和相关电路的过载保护	
18	耐久性	耐久性	耐久性	
19	非正常工作	非正常工作	非正常工作	
20	稳定性和机械危险	稳定性和机械危险	稳定性和机械危险	
21	机械强度	机械强度	机械强度	
22	结构	结构	结构	
23	内部布线	内部布线	内部布线	
24	元件	元件	元件	
25	电源连接和外部软线	电源连接和外部软线	电源连接和外部软线	
26	外部导线用接线端子	外部导线用接线端子	外部导线用接线端子	
27	接地措施	接地措施	接地措施	
28	螺钉和连接	螺钉和连接	螺钉和连接	
29	电气间隙、爬电距离和固体绝缘	电气间隙、爬电距离和固体绝缘	电气间隙、爬电距离和固体绝缘	
30	耐热、耐燃和耐漏电起痕	耐热和耐燃	耐热和耐燃	
31	防锈	防锈	防锈	

表 1-10（续）

章节	2.0 版	3.0 版	4.0 版	5.0 版
	1976	1991	2001	2010
32	辐射	辐射、毒性和类似危险	辐射、毒性和类似危险	未作调整
附录	附录 A～附录 E（含规范性引用文件）	附录 A～附录 P（含规范性引用文件）	附录 A～附录 R	

③ IEC 60335-1 历次版本特点

见表 1-11。

表 1-11 IEC 60335-1 历次版本特点汇总表

版本	特点
2.0 版（1976 年）	涉及家用电器的电击危险（第 7 章、第 8 章、第 10 章、第 15 章、第 16 章、第 19 章、第 22 章、第 23 章、第 25 章、第 26 章、第 27 章、第 28 章、第 29 章）、热危险（第 7 章、第 11 章）、非正常工作危险（第 19 章）、机械及相关危险（第 21 章、第 22 章）、火灾及相关危险（第 7 章、第 11 章、第 19 章、第 30 章）、辐射危险（第 32 章）、电子线路危险（附录 B）七大类安全相关的危险因素。后续版本虽然在章节名称与试验方法上有改动，但基本延续了第 2.0 版的章节设置思路
3.0 版	1. 删除了第 5 章额定值、第 12 章带有加热元件器具的超负载情况下的运行、第 14 章收音机和电视机的干扰抑制，以空章代替。将原附录 B 电子线路的内容调入正文。 2. 器具类型增加了联合器具、带 PTC 电热元件的器具，相应额定输入功率、额定电流以及非正常工作的要求也做出了调整。 3. 依据引用标准的更新情况做出相应修改，依据 IEC529 修改了防水等级，依据 IEC707 修改了针焰试验条件。 4. 简化部分试验步骤，降低部分试验的严酷度。删除第 9 章、第 18 章中部分技术要求，删除第 16 章中的绝缘电阻测试试验，降低第 30 章中部分材料的灼热丝试验温度
4.0 版（2001 年）	1. 将原标准附录中规范性引用文件调入正文，增加第 14 章瞬态过电压和附录 R 软件评估。 2. 在电击防护方面，与上一版本差异较大：更改了“第 16 章泄漏电流和电气强度”中的试验电压；第 29 章“绝缘中的爬电距离对电气间隙和爬电距离”的规定放松了，一些场合下电气间隙和爬电距离的限值都有所降低；增加了附录 K、附录 M 用以界定过电压类别和污染等级，增加了附录 L 作为电气间隙和爬电距离的测试指南；将第 30 章耐漏电起痕试验作为绝缘材料组别的试验删除。 3. 对于电子线路的安全试验，引入了抗电磁干扰测试
5.0 版（2010 年）	1. 在满足安全要求的基础上，“第 13 章工作温度下的电气绝缘和泄漏电流”中，简化了 0I、I 类器具的泄漏电流试验程序；“第 30 章耐燃和耐热”中增加了材料的预试验。 2. 增强了试验的可操作性和可重复性，如“第 7 章标志和说明”中，简化了测试汽油的成分要求。

表 1-11（续）

版本	特点
5.0 版（2010 年）	3. 增加了对特殊人群（如老人、儿童、残疾人等）的关注，主要体现在“1 范围”和“7 标志和说明”两章中。 4. 充分考虑了家用电器中新技术的安全要求，增加了新的检测内容与要求，体现在：增加了对可编程电子电路的软件结构要求及对带有遥控装置的器具结构的要求；补充了器具电气间隙、爬电距离和固体绝缘的判定依据，对频率高于 30kHz 器具或元件的电气间隙、爬电距离和固体绝缘都做了相应修改

④ IEC 60335-1 最新版本（Ed5.0）主要变化分析

前后版本的变化主要体现在：

A．国家差异由上一版 76 项减少至 15 项。

B．对于电击危险：

——第 13 章：提高了泄漏电流限值。同时对具有接地保护的器具（0Ⅰ类器具、Ⅰ类器具），直接用测量漏电流实际有效值的低阻抗安培表进行测量，简化了试验方法。

——第 14 章：提高了脉冲试验电压的电压数值。

——第 25 章：增加了交联聚氯乙烯护套软线及耐热聚氯乙烯护套软线的规格标准，同时增加了含有带电部件的Ⅲ类器具的软线的绝缘要求试验。对上一版标准中电源软线的材料及绝缘要求进行了补充。

——第 29 章：补充了器具电气间隙、爬电距离和固体绝缘的判定依据，依据家用电器的技术现状，参考 IEC60664-4，对频率高于 30kHz 器具的电气间隙、爬电距离和固体绝缘都做了相应修改。

C．对于非正常工作（第 19 章）：

——扩大了过载运转试验器具范围。

——增加针对带有可编程器件试验，要求在工作周期内的任一时刻，电压突降引起中断后，电子（控制）电路重新启动不会造成危险。

——充分考虑到电子开关的异常工作状态。模拟了电子开关在设计、生产工艺等方面可能出现的故障。

——对 19.11.4 中部分抗电磁干扰试验做了补充和完善。

——增加了带有电流接触器和继电器的器具非正常工作的试验要求。

D．对于电子电路：

——第 22 章，完善补充了软件评估内容和对于遥控装置的要求。

——附录 R，对软件评估的范围、硬件要求、软件要求在安全方面的规定都做了补充和完善，符合快速发展的家电智能化的要求。附录 R 分为 3 部分：

范围：用来满足本标准的可编程电子电路的软件。

结构要求：对可编程电子电路的硬件结构要求做了规定。

避免系统故障的方法：依据 IEC61508-3，针对可编程电子电路的软件，规定了为避免系统故障应采取的方法。

E．对于火灾危险：

——第 30 章增加了小零件耐燃试验要求。

——附录 O 中对耐燃试验的试验顺序做了相应的修改，增加了手持式器具、无人看管器具、有人看管器具的耐燃试验流程图。

可以看出 IEC 60335-1 的更新速度很快，几乎每 2～3 年就要有所修订，以适应快速发展的家电产业需要。

⑤ IEC 60335-1 标准发展趋势

A. 文本格式和章节内容逐步确定，标准语言更严谨，文本构成更科学。

B. 国家差异逐步减小，这是经济、技术全球化的体现。

C. 在能够确保产品安全的前提下，试验方法的可操作性和可重复性得到了加强，同时，数值设置也更加科学、合理。

D. 随着家电技术水平和检测技术水平的不断提高，增加了很多新的检测内容，以便适应更新速度较快的家电产品。

E. 安全标准的技术交叉性很强，随着相关标准的发展（如零部件标准、材料标准等）IEC60335-1 也即时更新相关内容。

“以人为本”是本安全标准的核心内容，既涉及到正常人在使用家用电器时可能会发生的安全隐患，也逐步考虑家电产品的安全隐患对特殊人群的影响。

（2）电磁兼容标准

电工产品 EMC 标准的制定机构是 IEC 下的无线电干扰特别委员会（CISPR）和 TC 77 技术委员会。CISPR 中涉及家用电器的分技术委员会有 CISPR/F 和 CISPR/B。

① 电磁发射标准 CISPR 14-1

CISPR 14-1 规定了频率范围在 9 kHz～40 GHz 家用电器、电动工具等类似器具的无线电干扰电平允许值、测量方法、运行条件以及测量结果的评定。根据骚扰的性质可分为连续骚扰和断续骚扰。2011 年 11 月，IEC 发布了最新版 CISPR 14-1:2011（第 5.2 版），该版本为 CISPR 14-1:2005（第 5 版）加上 A1:2008 和 A2:2011。

② 抗扰度标准 CISPR 14-2

CISPR 14-2 适用于频率范围在 0～400GHz、单相额定电压不超过 250V、三相电压不超过 480V 并含有电子电气线路的、由市电、电池或其他电源供电的家用电器、电动工具、电动玩具和类似器具。

最新版 CISPR 14-2:2008（第 1.2 版）为 CISPR 14-2:1997（第 1 版）加上其 A1:2001 和 A2:2008 两份增补件。该标准规定了 6 个项目的抗扰度试验：

静电放电 IEC 61000-4-2:1995＋A1:1998＋A2:2001；

射频辐射电磁场 IEC 61000-4-3:2006＋A1:2007；

电快速瞬变脉冲群 IEC 61000-4-4:2004；

浪涌 IEC 61000-4-5:2005；

射频场感应引起的传导骚扰 IEC 61000-4-6:2003＋A1:2004＋A2:2006；

电压暂降、短时中断 IEC 61000-4-11:2004

③ 微波炉和电磁炉的发射标准 CISPR 11

微波炉和电磁炉（家用电磁感应器具）属于工业、科学和医疗（ISM）设备的 2 组

B 类设备，因此两种家用电器的电磁骚扰特性应符合 CISPR 11 的规定。CISPR 11 给出了工科医（ISM）设备的传导骚扰（端子骚扰电压，9kHz ~ 30MHz）和辐射骚扰（9kHz ~ 18GHz）的限值和测量方法。对于电磁辐射骚扰，低于 30MHz 频段指的是电磁辐射骚扰的磁场分量；30MHz ~ 1GHz 频段为电磁辐射骚扰的电场分量；1GHz 以上限值为电磁辐射骚扰的功率。

2.2 欧盟

2.2.1 标准制修订机构

欧盟国家为了建立和维护统一大市场的利益，1990 年 8 月，欧盟委员会发布了《关于发展欧洲标准化的绿皮书》，表示要在欧洲一同制定保障人体健康、人身安全、环境保护和消费者利益的欧洲标准（EN），以协调统一各成员国的国家标准。欧盟要求，每项欧洲标准正式发布后，各成员国必须在 6 个月内，对其内容和结构不做任何改动地采纳为国家标准，并撤销与此标准相抵触的国家标准。

在制定欧洲标准的过程中，当无法避免成员国国家偏差时，采用编制协调文件（HD）的形式处理。每个协调文件必须在国家级采用：或者采用为国家标准，或者向公众通告协调文件的编号和标题。但无论采用两者之一的哪种方式，各成员国都必须撤销与此协调文件相抵触的原有标准。除了以上两种形式外，在技术发展迅速或急需标准的领域，还可以制定暂行标准（ENV）。各成员国对暂行标准同样应采用为国家标准，但在暂行标准转化为正式标准之前，各成员国可以暂时保留与其相抵触的标准，而不必撤销。

目前，欧洲统一标准在欧盟各成员国国家标准中所占比例已高达 80%以上。与此同时，欧洲统一标准虽然提高了欧盟内部贸易的自由化程度，但对地区以外的国家来说，显然是扩大了技术性贸易壁垒的范围。统一的欧洲标准不属于立法范畴。依据欧盟 83/189/EEC 指令的正式认可，欧洲统一标准的制定工作主要由欧洲标准化委员会（CEN）、欧洲电工标准化委员会（CENELEC）、欧洲电信标准学会（ETSI）3 个标准化组织负责完成。三大标准化组织分别负责不同领域的标准制定工作，它们所发布的标准共同构成了完整的欧洲标准化体系。截至 2011 年年底，CEN 标准化技术组织的总数达到 1978 个；CENELEC 标准化技术组织总数达到 288 个；ETSI 技术机构总数达到 34 个。

（1）欧洲标准化委员会（CEN）

① 机构概述

欧洲标准化委员会（CEN）在 1961 年成立于法国巴黎，其宗旨是促进成员国之间的标准化合作，制定欧洲统一标准，实行合格评定制度，消除技术性贸易壁垒。CEN 的组织体系由全体大会、管理局、技术管理局、对外政策咨询委员会、财务咨询委员会等机构组成。全体大会负责财务预算、会员管理以及部门管理人员的任命；管理局是全体大会的执行机构，指导 CEN 的运作，筹备预算并处理会员申请；技术管理局负责标准化项目的全面管理，督促技术委员会等的标准化工作进程；技术委员会则负责具体标准的制定和修订工作，各技术委员会的秘书处工作由 CEN 各成员国分别承担。

② 主要领域

CEN 专门负责除电工、电信以外领域的欧洲标准化工作，CEN 批准发布的欧洲标准覆盖 18 个领域，具体为：化学，建筑，消费品，环境，食品，计量，医疗，健康和安全，加热、制冷和通风，信息和通信技术，材料，机械工程，服务，运输和包装，航空航天，安全和防护，纳米技术，能源与公用事业。在 CEN 下发布的一些标准涉及家用和类似用途电器，如：园林设备、园林鼓风机、真空吸尘器，电玩具等。其中与家电有关联的技术委员会有：TC44 商用冷藏柜、餐饮制冷设备，TC52 玩具安全，TC113 热泵空调机组，TC122 人类工效学，TC169 灯和照明，TC182 制冷系统，TC195 空气净化器，TC197 泵，TC211 声学，TC232 压缩机等。

CEN 与 ISO 有密切的合作关系，两者于 1991 年签订了维也纳协议。该协议是技术合作协议，主要内容是：加强合作，避免重复工作；CEN 尽量采用现有的 ISO 标准；相互参与标准起草工作（如果某一领域还没有国际标准，则 CEN 先向 ISO 提出制定标准的计划），两机构平行审批，草案通过后，国际标准与欧洲标准同时发布。CEN 的目的是尽可能使欧洲标准成为国际标准，以使欧洲标准有更广阔的市场。40%的 CEN 标准被直接采用为 ISO 标准。

③ 标准制修订程序

CEN 制定欧洲标准的一般程序如下：

A．提出需求：制定标准的需求有两种来源途径：一是正式成员提出建议，二是欧洲委员会或欧洲自由贸易联盟（EFTA）秘书处向 CEN 下达委托书，提出制定标准的要求。

B．确定项目：由技术管理局确定标准化项目。

C．制定草案：制定方式有 3 种：一是直接采用现有标准，如国际标准化组织（ISO）制定的国际标准；二是根据维也纳协议，在某一领域还没有国际标准时，向 ISO 提出制定标准的计划，并与 ISO 开展技术合作，使欧洲标准尽可能成为国际标准，以拥有更广阔的市场；三是设立新的技术委员会，负责完成标准草案的制定工作。草案制定完成后，由技术委员会秘书处将其转交技术管理局，为标准编号，这时的文件称为标准草案（prEN）。

D．征询意见：标准草案须经过各成员国的公开评论，评论时间持续 6 个月。评论结束后，技术委员会将评论意见集中收集，并对原标准草案进行修改，形成最终草案。

E．正式投票：最终草案提交 CEN 正式成员进行投票。自 2004 年 1 月 1 日起，CEN 和 CENELEC 实行新的加权投票制度。根据国家的大小和经济实力，各成员国享有不同数额的票数。目前有 28 个正式成员，总共有 341 票，其中，德国、法国、英国、意大利 4 国各拥有 29 票；西班牙和波兰为 27 票，其他国家享有票数从 13 票到 3 票不等。投票时间为 4 个月，有 71%以上票数赞成，即可批准该标准草案为正式标准。成为正式的欧洲标准并发布后，欧盟成员国将在 6 个月内将其采用为本国国家标准，并撤销与其相抵触的原有标准。

F．编号存档：欧洲统一标准的编号方式为：标准代号+数字顺序号+发布年代，标准代号与数字顺序号间空一格，发布年代与数字顺序号间以“:”相隔，如：EN 50225:

1996，HD 1004：1992。CEN、CENELEC 和 ETSI 均有各自的数字顺序号范围。

（2）欧洲电工标准化委员会（CENELEC）

① 机构概述

欧洲电工标准化委员会（CENELEC）是 1973 年由两个早期的机构欧洲电工标准协调委员会共同市场小组（CENELCOM）和欧洲电工标准协调委员会（CENEL）合并而成，总部设在布鲁塞尔，其宗旨是协调各成员国的电工电子标准，消除贸易中的技术障碍。在业务范围上，CENELEC 主管电工电子领域的标准化，而 CEN 则管理其他领域，如食物、日用品、体育用品及娱乐设施、卫生保健、燃气用具、机械工程等。

CENELEC 的组织体系由全体大会、管理委员会、技术局、技术委员会、中央秘书处等组成。全体大会是 CENELEC 的决策机构；管理委员会监管 CENELEC 的日常运作并确定政策方向；技术局协调各技术单位，组建技术委员会和工作组并监控标准化工作进程；技术委员会由各成员国指派的代表组成，负责完成各自领域内的具体标准的制定任务；中央秘书处由 33 名工作人员组成，承担全体大会、管理委员会和技术局下达的所有任务，是一个执行机构，负责处理日常事务，协调各单位工作。

② 主要领域

CENELEC 专门负责欧洲电工领域的标准化工作，其中与家电相关的主要有 TC59 家电性能，TC61 家电安全，TC77 设备和网络间电磁兼容，TC111 环境等。

CENELEC 和 IEC 有密切的合作关系，目的是适应市场需要，加快标准的制定过程。有时，CENELEC 以 IEC 标准为基础，稍作修改后，即作为欧洲标准，这些修改主要是为了适应欧洲市场的卫生和安全要求。有一半以上的 CENELEC 标准是等同采用 IEC 标准，并且数量还在逐年上升。

③ 标准制修订程序

CENELEC 制定欧洲统一标准的一般程序是：

A．确立项目：标准项目的来源有四种：一是来自国际电工委员会（IEC），占总数的 80%；二是由 CENELEC 技术单位立项；三是 CENELEC 的协作伙伴委托，其中包括欧盟委员会下属的有关电子技术方面的委员会；四是来自成员国的电子技术委员会。

B．制定草案：标准草案的制定工作主要由技术委员会和分技术委员会承担。

C．征求意见：草案拟定完成后，送交各成员国征求意见，这一过程需要 6 个月时间。拟定草案的技术单位对征求上来的意见充分研究后，根据其中的合理成分进行修改，形成最终草案。

D．投票表决：投票耗时 3 个月。根据各成员国的国家大小分配加权票数。德国、法国、意大利和英国等十个大国各拥有 29 票，小国如冰岛和马耳他则只有 3 票。草案被通过至少要有 70%的票数赞成。

E．编号存档：编号方式同 CEN。

（3）欧洲电信标准学会（ETSI）

① 机构概述及主要领域

1988 年 3 月，根据欧洲共同体委员会的建议，成立了 ETSI，总部设在法国南部的尼斯，其任务是研究制定电信标准。由于 ETSI 与 CENELEC 在工作领域上有所交叉，为此两机构作了分工。CENELEC 主管下列方面的标准：安全；环境条件；电磁兼容；设备工程；无线电保护；电子元器件；无线电广播接收系统及接收机。ETSI 主管：无线电领域的电磁兼容；私人用远距离通信系统；整体宽频带网络（包括有线电视）。

ETSI 的组织体系由全体大会、ETSI 总部、ETSI 秘书处、特别委员会、技术委员会 JETSI 项目组、ETSI 合作项目组组成。全体大会负责财务预算、年度汇报、制度决议、人员任命以及会员管理等。ETSI 总部负责申请财务资金，监控标准化执行进程，组建或终止技术委员会、ETSI 项目组以及特别委员会。ETSI 秘书处有大约 100 名工作人员，下设 4 个中心，为各运作单位提供支持。具体技术标准的制定工作由技术机构负责，目前，拥有 200 多个技术委员会、ETSI 项目组、ETSI 合作项目组。其中，技术委员会及其分技术委员会负责各自领域的技术标准工作；ETSI 项目组根据市场需求而组建，主要是为了在一定期限内完成某个要求明确的项目；ETSI 协作项目组则是应市场需求，为在一定期限内与外部单位合作完成某个项目而组建。必要时，还可以设立工作组（WG）。ETSI 有 3500 多名专家参与工作。

②标准制修订程序

ETSI 制定欧洲标准的一般程序为：

A．确立项目并起草：每项标准提案至少需得到 4 名成员支持，具体的技术标准制定工作由相应的技术机构（技术委员会、ETSI 项目组或 ETSI 合作项目组）负责完成。

B．公开征求意见：技术机构将拟定的草案交至 ETSI 秘书处，由秘书处在 30 天内将草案发送至各成员国的国家标准机构，后者在 120 天内向公众征求意见，并将评论结果反馈给秘书处。秘书处对收集到的意见予以考虑，如果只是编辑问题，则秘书处在 15 天内形成最终草案；如果确实是技术问题，草案将被返回技术机构，后者在 60 天内对草案进行修改，并将修改后的草案再次送交秘书处；如有重大改动，技术机构可以要求进行第二轮征求意见程序。

C．投票表决：召开全体大会（提前 30 天通知），由正式会员和准会员对草案进行投票，如果取得 71%的赞成票，则该标准通过，并在 15 天内作为欧洲标准发布。投票也可以采取另一种方式，即：秘书处在形成最终草案后 30 天内，将草案送交各成员国的国家标准机构，各国按照加权票数进行投票，并在 60 天内将投票结果通知秘书处。秘书处统计票数并在 15 天内将投票结果送交技术机构、成员国的国家标准机构、ETSI 成员等。如果获得 71%的赞成票，则该标准通过。

D．编号存档：编号方式同 CEN。

ETSI 除制定欧洲标准外，还制定其他标准，如 ETSI 标准（ES）、ETSI 技术规范等。为满足电信技术迅速发展的需求，可以将现有 ETSI 标准或很成熟的 ETSI 出版物，不作实质性修改直接转换为欧洲标准。在此种情况下，征求意见和投票表决可同时进行，以加快标准制定过程。

2.2.2　标准化工作机制

欧盟地区的标准化工作机制，根据其三大标准化机构的标准制修订程序稍有不同，家电行业的标准主要由 CEN 和 CENELEC 制定。下面简单介绍下德国和和英国的标准化工作机制。

（1）以德国为例

德国实行的是政府授权民间管理的标准化管理体制，其主要法律及政策依据是德国联邦政府与德国标准化协会签订的合作关系协议，其标准化工作指南是 DIN 820《标准化工作》系列标准，2005 年《德国标准化战略》对于德国标准化未来的发展提出了发展方向。根据联邦政府同 DIN 签署的合作协议，德国标准化主管机构是 DIN。DIN 对外代表德国参与国际标准化和欧洲标准化活动，对内负责国内标准化活动的规范工作，包括制定标准的制修订程序等，并且负责组织制定、发布国家标准，推动国家标准的实施。

《德国标准化战略》是一个动态性文件，其本身是由 5 个战略目标、预期结构和落实措施构成的框架，它随时接受各利益相关方的建议进行适当调整。“每一个标准化战略都必须是灵活和动态的”。这是德国标准化战略不同于其他任何国家的最显著特点。

（2）以英国为例

英国实行的是政府机构与民间组织联手合作、有机接合的标准化管理体制。BSI 是英国政府承认并支持的全国性民间标准化机构，一方面它是独立的民间和商业性的标准化机构，另一方面，它是经《皇家特许》承认的，政府授权的非营利性国家标准化机构。作为国家标准机构，BSI 要为政府的公共政策服务，政府提供的资金也只能用于国家标准化机构所承担的工作。政府对于 BSI 的参与，也限于这一部分的工作和活动。作为商业性社团组织，BSI 实行商业化、公司化运作，政府既不过问，也不参与。

按制定主体、制定程序、适用范围、原始来源等划分，英国标准可分为为正式标准和非正式标准，协商一致标准和非协商一致标准、国家标准和学协会标准及联盟标准等。

正式标准是由公认的标准化机构在意见完全一致的基础上制定的标准。非正式标准是由一定范围内的利益相关方制定的标准，通常是行业标准。

一般来说，英国的正式标准指的是国家标准，而非正式标准指的是学协会标准及联盟标准。学协会标准也称专业标准，此类标准为英国标准体系的重要构成要素，为国家标准的制定提供了重要的基础来源。

协商一致标准就是英国标准。所谓协商一致只包含两个含义：一是制定主体，由公认机构制定；二是制定过程，须遵循适当的程序并保证有关方参与。而委托制定的标准主要是指由行业或公司或政府委托 BSI 制定的标准。

按原始来源，英国国家标准由三个部分构成：一是 BSI 自行制定的标准，包括直接制定的标准和将其他标准调整采纳后的标准，使用“BS”标识；二是由欧洲标准转化而来的标准，包括欧洲标准化委员会（CEN）、欧洲电工标准化委员会（CENELEC）、欧洲电信标准协会（ETSI）制定的标准，标识为“BS EN”；三是由国际标准转化而来的标准，如 ISO 标准和 IEC 标准。

2.2.3　家电安全标准体系

（1）EN 60335 系列标准

欧盟的家用电器安全标准主要由 CENELEC 负责制修订，大部分安全标准为 EN 60335 系列标准，多数采用 IEC 60335 系列标准，根据环境及气候情况存在一些国家差异，国家差异在标准前言中有所提及。EN 60335 系列标准与 IEC 60335 系列标准类似，分为 EN 60335-1 通用要求标准和 EN 60335-2-××具体产品的特殊要求标准，EN 60335-1 和 EN 60335-2-××配合使用，共同规范产品安全要求。欧盟的 EN 60335 标准非常全面，数量较多，涉及了绝大多的家用电器产品，覆盖了家用电器的制冷器具产品、清洁器具产品、厨房器具产品等各个方面，且较 IEC 60335 标准覆盖面更广，如 EN 60335-2-33:1992《家用和类似用途电器的安全　咖啡碾和咖啡磨碎器的特殊要求》（IEC 此标准作废），EN 60335-2-46:1992《家用和类似用途电器的安全　商用电蒸汽杀菌锅的特殊要求》（IEC 此标准作废）。欧盟的安全标准作为协调标准，不是强制的，它为设备提供了一种标准的、可重复的、准确的、可接受的评定方法，通常为优先选择的方法。

除了采用 IEC 标准，欧盟也根据自己地区的使用情况，制定了一些其他的安全标准，如 EN 50087:1993《家用和类似用途电器的安全　散装牛奶冷却器的特殊要求》，EN 50408:2008《家用和类似用途电器的安全　车辆司机室取暖炉的特殊要求》，EN 50410:2008《家用和类似用途电器的安全　装饰机器人的特殊要求》，EN 50416:2005《家用和类似用途电器的安全商用电传送洗碗机的特殊要求》。

同时，欧盟针对 EN 60335-1 标准发布了较多的标准解释文件，如 EN 50106:2008《家用和类似用途电器的安全 EN60335-1 范围内涉及电器常规实验的特殊规则》，CLC/TR 50417:2003《家用和类似用途电气设备的安全 CENELEC/TC61 范围内欧洲标准相关的解释》，还有些欧盟国家根据自己国家标准情况发布了一些相关的解释文件，如 PD R061-001:2000，DIN V VDE V 0700-700:2004 等。这些解释文件为安全标准的科学实施提供了技术支持。

（2）电磁兼容标准

欧盟电磁兼容方面的标准主要是采用 IEC 标准，并根据区域特点进行一些修订，以此确保电磁辐射和电磁兼容方面的安全。其与 CISPR 和 IEC 标准的对应关系如下：

EN55××× = CISPR 标准，（例：EN55011 = CISPR Pub.11）；

EN6×××× = IEC 标准，（例：EN61000-4-3 = IEC61000-4-3 Pub.11）；

EN50××× = 自定标准，（例：EN50801）。

2.3　美国

2.3.1　标准制修订机构

美国国家标准学会（American National Standards Institute，简称 ANSI）是美国自愿性标准体系的管理者和协调者。美国国家标准学会是非赢利性质的民间标准化组织，是美国国家标准化活动的中心，许多美国标准化学协会的标准制修订都同它进行联合，ANSI 批准标准成为美国国家标准，但它本身不制定标准，标准是由相应的标准化团体和技术团体及行业协会和自愿将标准送交给 ANSI 批准的组织来制定，同时 ANSI 在联邦政府和民间的标准系统之间起到了协调作用，指导全国标准化活动，ANSI 遵循自愿性、公开性、透明性、协商一致性的原则，制定、审批 ANSI 标准。

美国标准化机构有四类：一是美国自愿性标准体系管理和协调机构——美国国家标准协会（ANSI）；二是美国联邦政府、州及地方标准协调机构——国家标准技术研究院（NIST）；三是美国政府机构；四是由 ANSI 认可的标准制定组织（SDO）。

这四类标准化机构又可以分为两部分：ANSI 及其认可的标准制定组织属于民间组织，授权制定政府专用标准的联邦机构和 NIST 则是属于政府。在美国标准化领域，民间组织和联邦机构根据有关规则分别发挥各自的作用，构成美国标准化管理机制。

美国制定家用电器标准的标准化团体和技术团体主要包括 UL、AHAM、ASTM、ASME、ASHRAE、NSF、ASSE 等。

（1）UL

UL 安全试验室是美国著名的从事安全试验和鉴定的民间机构，在世界范围内享有盛誉。UL 是英文保险商试验室（Underwriter Laboratories Inc.）的缩写，UL 试验室始建于 1894 年，经过 100 多年的发展，UL 已成为世界著名的认证机构，其自身具有一整套严密的组织管理体制、标准开发和产品认证程序。它是一个由安全专家、政府官员、消费者、教育界、公用事业、保险业及标准部门代表组成的理事会管理组织，UL 在美国本土有 5 个试验室，总部设在芝加哥北部的 Northbrook 镇，同时在台湾和香港分别设立了试验室。被美国联邦职业安全与健康管理局（OSHA）列为国家认可试验室（NRTL）。同时，加拿大标准协会（SCC）认可 UL 为认证机构和测试机构。

UL 已制定了超过 1000 项的安全标准，涵盖数十万种产品及其部件。UL 安全标准的制定原则与 IEC 及其他国家的相关安全标准相同，主要考虑产品在使用、运输和贮存过程中，对人身、财产和社会环境，免遭危险和伤害的安全保障。各类产品的安全标准主要包括以下内容：

——防止触电事故；

——防止高温和起火；

——防止机械伤害；

——防止毒气伤害；

——防止有害射线伤害；

——防止爆炸的伤害等。

（2）AHAM

美国家电制造商协会 AHAM（Association of Household Appliance Manufactures）成立于 1915 年，起始于 60 个洗衣机制造商组成的美国洗衣机制造商协会（AWMMA）。1938 年，AWMMA 成为美国洗衣机和 Ironer 制造商协会。1954 年成为美国家庭洗衣制造商协会（AHLMA）。1967 年，AHLMA 和 NEMA 合并成一个新协会，即 AHAM。1976 年，总部位于芝加哥的协会加入了华盛顿的办公室。1999 年，AHAM 总部迁往华盛顿。

AHAM 是 ANSI 认可的标准制定组织。它主要制定产品及性能测试方法标准，其中有多项被 ANSI 认可为美国国家标准，并且也被美国环保署（Unites States Environmental Protection Agency，EPA）所认可。标准由 AHAM 的成员自愿采用，广泛获得美国生产商及消费者的肯定。

（3）ASTM

ASTM 的前身是国际材料试验协会（International Association for Testing Materials，IATM）。ASTM 是美国最古老、最大的非盈利性的标准学术团体之一。经过一个世纪的发展，ASTM 现有 33669 个（个人和团体）会员，其中有 22396 个主要委员会会员在其各个委员会中担任技术专家工作。ASTM 的技术委员会下共设有 2004 个分技术委员会。有 105817 个单位参加了 ASTM 标准的制定工作，主要任务是制定材料、产品、系统和服务等领域的特性和性能标准，试验方法和程序标准，促进有关知识的发展和推广。

ASTM 标准分以下六种类型:

① 标准试验方法（standard test method）：它是为鉴定、检测和评估材料、产品、系统或服务的质量、特性及参数等指标而采用的规定程序。

② 标准规范（standard specification）：它对材料、产品、系统或项目提出技术要求并给出具体说明，同时还提出了满足技术要求而应采用的程序。

③ 标准惯例（standard practice）：它对一种或多种特定的操作或功能给予说明，但不产生测试结果的程序。

④ 标准术语（standard terminology）：它对名词进行描述或定义，对符号、缩略语、首字缩写进行说明。

⑤ 标准指南（standard guide）：它对某一系列进行选择或对用法进行说明，但不介绍具体实施方法。

⑥ 标准分类（class fication）：它根据其来源、组成、性能或用途，对材料、产品、系统或特定服务进行区分和归类。

（4）ASME

ASME 是美国机械工程师协会（American Society of Mechanical Engineers）的英文缩写。美国机械工程师协会成立于 1880 年，在世界各地建有分部，是一个有很大权威和影响的国际性学术组织。ASME 主要从事发展机械工程及其有关领域的科学技术，鼓励基础研究，促进学术交流，发展与其他工程学、协会的合作，开展标准化活动，制定机械规范和标准。它拥有 125000 个成员，管理着全世界最大的技术出版署，每年主持 30 个技术会议，200 个专业发展课程，并制订了许多工业和制造标准。

（5）ASHRAE

ASHRAE 是 American Society of Heating，Refrigerating and Air-Conditioning Engineers，Inc.的简称，中文译为美国采暖、制冷与空调工程师学会。该学会唯一目的是造福社会公众，通过开展科学研究，提供标准、准则、继续教育和出版物，促进加热、通风、空调和制冷（HVAC&R）方面的科学技术的发展。制冷与空调工程师学会是国际标准化组织（ISO）指定的唯一负责制冷、空调方面的国际标准认证组织。目前，ASHRAE 标准已被所有国家的制冷设备标准制订机构和制冷设备制造商所采用。ASHRAE 得到 ANSI 的认可并按照 ANSI 的相关程度和要求来制定标准。

ASHRAE 出版三种形式的自愿性标准：测试方法、设计标准和惯例标准。ASHRAE 一般不制定等级评定标准。

（6）NSF（NSF INTERNATIONAL）

美国全国卫生基金会（National Sanitation Foundation，NSF）成立于 1944 年，是一个独立的、不以营利为目的的非政府组织。NSF 致力于公共卫生、安全、环境保护领域的标准制订、产品测试和认证服务工作，是公共卫生与安全领域的权威机构。NSF 拥有多个独立实验室，可进行物理性能和功能测试、化学分析、毒理学分析以及微生物试验，NSF 签发的认证被美国国家标准学会（ANSI）和加拿大标准委员会（SCC）所承认。

NSF 作为 ANSI 认可的标准制定机构，已制定 50 多项关于卫生、安全方面的自愿性标准。并且 NSF 不断地对这些标准进行评估和修订，以跟得上技术的发展和变化。

（7）ASSE

美国卫生工程学会（American Society of Safety Engineers，ASSE）成立于 1911 年，是世界最早和最大的保护人身、财产和环境安全的专业组织。主要负责 ANSI 的几个技术委员会关于建筑物、拆除、汽车发动机操作、危险能源、坠落防护、模具修复、培训和认证安全领域标准的制定工作。

（8）AMCA

美国通风与空调协会（Air Movement and Control Association International，Inc.，AMCA），是非营利性的有关空气系统设备的国际制造商协会。包括风扇、百叶窗、气流调节器、气帘、气流测量站、声学减震器，及其他工业用、商用、住宅用空气系统部件。

AMCA 已有近 80 年的标准制定历史，是世界领先的、权威的空气运动和空气控制装置的科学和工程艺术研究机构。AMCA 印刷和出版标准、参考文献和应用手册，AMCA 的许多标准都被认可为美国国家标准。

2.3.2 标准化工作机制

美国的标准体系是高度分散型的，包括三个构成要素，即联邦政府专用标准、国家标准、专业团体标准。

政府专用标准代表的是国家意志，包括采购标准和监管标准，属于技术法规范畴。标准内容主要涉及公共资源、生产安全、公众健康和安全、环境保护、国防安全等领域。

国家标准在美国是自愿性的，并且是由 ANSI 认可的标准制定组织制定的。在美国，联邦机构可以制定自愿性标准，也可以和 ANSI 共同制定国家标准，ANSI 还可以将联邦机构制定的标准批准为国家标准。经 ANSI 发布的美国国家标准来源有三种：第一种是其认可的标准组织制定的标准，如 ASTM 标准；第二种是 ANSI 与政府部门共同制定的标准，如由农业部制定的国家标准；第三种是 ANSI 和其认可的标准组织联合制定的标准，如和 ASME 联合制定的标准。

专业团体标准，由标准制定组织制定，没有被 ANSI 批准并发布的标准。

美国标准体系构成如图 1-1 所示。

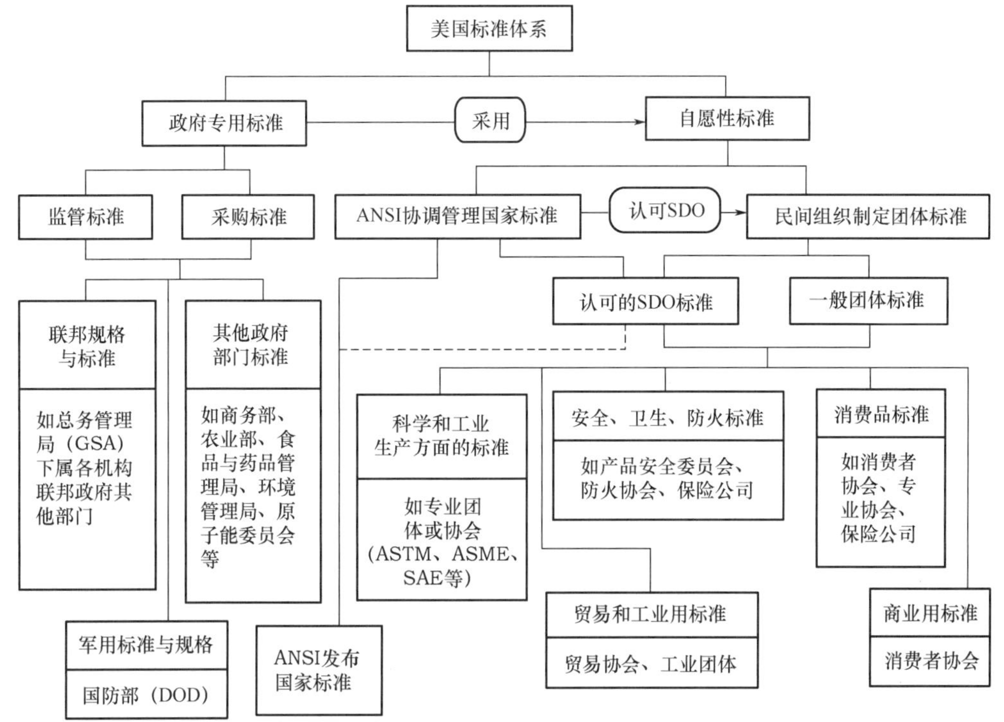

图 1-1　美国标准体系构成

对于产品的电气安全要求，美国联邦层面上没有统一的强制性的法律规定，主要是民间自愿性的美国保险商实验室（UL）认证，其强制性视各个州而定。除此之外，一些联邦或地方的管理机构也可以就产品某一方面的技术要求做出规定，如美国劳工部职业健康安全管理局（OSHA）对于工作场所的电气安全规定，美国联邦通讯委员会（FCC）对于音视频产品、信息技术设备和通讯设备等的电磁兼容规定，以及美国食品药品管理局（FDA）对电子产品辐射的控制要求。

UL 认证所依据的 UL 安全标准很大程度上根据美国消防协会（NFPA）制定的规范——美国国家电气规定（NEC，或 NPFA 70）以及建筑安装要求而制定。而 OSHA 对于工作场所的电气安全规定主要依据的是 NFPA 制定的另一个重要标准 NPFA 70E《工作场所的电气安全》。这两部规范都是在美国范围内协商一致，并得到 ANSI 认可的标准。

2.3.3　家电安全标准体系

（1）安全标准

美国家用电器安全标准的制定机构主要有 UL、ANSI、FDA、FCC、ASSE 等，其中以 UL 标准为主。目前，涉及家用电器整机产品及关键部件安全的标准约有 110 余项。

整机产品安全标准在产品覆盖范围上，美国标准部分同 IEC 标准的覆盖范围大概一致，但还有部分标准与 IEC 标准覆盖的产品有较大的不同，主要是由于生活习惯及历史沿革的结果。

相对于 IEC 国际标准来说，美国 UL 安全标准自成体系，无论从标准文本结构，还是主要技术内容，与 IEC 标准都有较大差异。

与 IEC 标准的协调性和差异：

① 与 IEC 标准的主要差异

A．对防触电保护和防火的要求不同

IEC 标准基于交流电压在 220～240V 的电器，对器具防触电保护的设计要求较高，即对材料和结构的电气绝缘性能和电气间隙的规定较严格；而北美电器电压为 110～120V，加上其房屋结构多为木质，因此 UL 标准在防火方面的要求相对较严格，对材料耐燃性要求更高，产品上关键部位使用的聚合材料需要较高的 UL 阻燃等级。

B．标准结构不同

IEC 标准对于具体产品的特殊安全要求需要和通用安全要求结合在一起使用，而 UL 标准是一种产品对应一个标准；UL 标准是结构在先、性能测试方法在后，结构和零部件是保证安全的关键，而试验结果是验证结构的设计和零部件的选用是否合理的依据，IEC 标准则按照可能影响产品安全性能的各个方面就结构需达到的要求和验证用的测试方法合并加以阐述；另外，UL 标准对工厂例行检验也作出了相关规定。

C．测试方法不同

UL 标准与 IEC 标准采用的测试方法不同。

D．标识标记要求不同

UL 标准对标识标记的要求更为严格，所有的标识必须是永久性的，压敏铭牌以及黏接剂应符合 UL 969 标准要求。

UL 标准更强调以产品设计达到保证产品质量的要求，而产品检验只是事后的把关。体现在：一是要求产品结构的合理性，通过合理的机械结构和电气结构来保证产品的功能和安全性；二是零部件的可靠性，有完整的零部件标准，通过零部件标准确保整机的安全性和可靠性；三是材料使用的合理性，通过选用合理的材料，确保绝缘、防火、阻燃、热强度以及机械强度和刚度；四是试验条件的严酷性，着眼于最坏的试验条件，对使用中可能对产品产生的不利条件，进行产品的认定和试验。

② 与 IEC 标准的协调性

近年来 UL 标准呈现出向 IEC 标准靠拢的趋势，如今 UL 与 IEC 协调的家用电器安全标准有 6 项，分别为：

UL 60335-1（通用要求）

UL 60335-2-3（电熨斗）

UL 60335-2-8（电动剃须刀、电推剪）

UL 60335-2-24（制冷器具、冰激淋机、制冰机）

UL 60335-2-34（电动机-压缩机）

UL60335-2-40（热泵、空调、除湿机）

（2）电磁兼容标准

美国的电磁兼容标准主要由美国联邦通信委员会（FCC）制定。FCC 主要制定民用产品标准。关于 EMC 标准主要包含在 FCC 第 15 部分和第 18 部分中。

① 家用电器的电磁兼容性要求

一般家用电器无需获得 FCC 许可。根据 47 CFR 15.103 的豁免条件，专门用于电器（如微波炉、洗碗机、干衣机、空调）中的数字设备，只须满足 47 CFR 15.5 规定的通常工作条件，即不得对无线发射设备造成有害的电磁干扰，而无须满足特定技术标准及其他要求。然而，FCC 仍强力建议豁免设备的制造商满足 47 CFR 15 的特定技术要求。

数字家电产品需满足 47CFR15 有关无意发射体的传导和辐射限值要求，并采用 ANSI C 63.4 作为设备电磁干扰的测量方法，通过验证方式获得 FCC 许可。ANSI C 63.4《低压电子电气设备在 9 kHz ~ 40 GHz 的无线电噪声发射测量方法》是美国重要的 EMC 基础标准之一，它规定了在 9 kHz ~ 40 GHz 频率范围内测量来自电子电气设备发射的射频信号和噪声的方法、测量设备和测量步骤。有关数字家电的标识要求在 47 CFR 2.954 和 47 CFR 15.19（a）中规定；用户手册和使用说明书则应符合 47 CFR 15.21 的规定。

② 微波炉和电磁炉的电磁兼容性要求

微波炉和电磁炉属于消费类“工科医”（ISM）设备，其电磁兼容性能需满足 47 CFR 18 的要求。47 CFR 18 中给出了微波炉和电磁炉的磁场强度限值和传导限值，并对技术报告以及标签、说明书等相关信息作出了规定。

21 CFR 1030.10 是微波炉的辐射性能标准，它适用于利用 890 ~ 6000MHz 的频率区域的电磁能量来加热、烹调或烘干食物的电器（家用或商用）。该标准规定了微波炉的功率密度限值、安全联锁装置要求、测量和测试条件、用户使用说明书、售后维修服务指南以及警告标签的要求。根据规定，微波炉在购买前的功率密度不超过 $1mW/cm^2$；购买后不超过 $5mW/cm^2$。

以下是 FDA 发布的有关微波炉电磁辐射的指南和文件：

微波炉辐射安全报告准备指南 Guide for Preparing Reports on Radiation Safety of Microwave Ovens（1985-03）。

建立和维护微波炉符合性测量设备的校准稳定性对比系统的指南 Guide for Establishing and Maintaining a Calibration Constancy Intercomparison System for Microwave Oven Compliance Survey Instruments（1988-03）。

微波炉实验室检测的产品取样 Sampling of Products for Laboratory Testing。

微波炉的实验室检测程序 Laboratory Testing Procedures（1981-10）。

微波炉的现场检测程序 Procedures for Field Testing of Microwave Ovens（1977-08）。

FDA 给微波炉业界的通告：因松的连接装置导致微波炉开门操作事故 Notices to Industry - Incident of Open Door Microwave Oven Operation Caused by a Loose Connector（1975-01-20）。

2.4 日本

2.4.1 标准制修订机构

日本的标准化机构大致可以分为三类，即官方机构、民间组织和企业标准化机构。

日本的国家标准化机构，即官方机构，主要是归口于经济产业省（METI）的日本工业标准委员会（JISC）和农林水产省（MAFF）的日本农业标准委员会（JAS）等。

（1）工业标准化委员会（JISC）

日本工业标准委员会（Japan Industrial Standards Committee，JISC）是根据日本工业标准化法建立的全国性标准化管理机构，成立于1946年2月。1921年4月，日本成立工业品规格统一调查会（JESO），开始有组织、有计划地制定和发布日本国家标准。1952年9月，日本工业标准调查会代表日本参加国际标准化组织（ISO），1953年参加国际电工委员会（IEC）。

日本工业标准委员会（JISC）负责日本工业技术标准的起草、修改、批准和发布。该组织职责除了起草和修改标准外，还为各有关省厅的大臣提供技术咨询和建议，推进标准化工作的开展和普及。

JISC 标准委员会由 240 名以内的委员组成。委员由有关大臣从有经验的生产者、消费者、销售商和第三方的专家和政府职员中推荐，经通产省大臣任命，任期为2年。正、副会长由委员中连选产生。另设258名专门委员，负责调查专门事项，根据会长提议，由通产省大臣任命。遇有必要调查审议特别事项时，设临时委员，该事项调查审议结束，临时委员即行退任。调查会由总会、标准会议、部会和专门委员会组成。标准会议是它的最高权力机构，负责管理调查会的全部业务，制定综合规划，审议重大问题，审查部会的设置与撤销，以及规定专门委员会的比例，协调部会之间的工作。标准会议按审议工作范围设立土木、建筑、钢铁、有色金属、能源等 29 个部会。各部会由会长指定的委员组成，负责审查专门委员会的设置与撤销，协调专门委员会之间的工作，对专门委员会通过的 JIS 标准草案进行终审。专门委员会依据每项技术专题由生产、使用、销售等各方面的代表按比例选举产生，负责审查 JIS 标准的实质性内容。调查会共设有 2000 多个专门委员会，有委员 2 万名左右。调查会隶属于经产省工业技术院。工业技术院标准部是调查会的办事机构，负责调查会的日常工作，实际上是具体制定日本工业标准化方针、计划和落实计划的管理机构。标准部下设标准、材料规格、纺织和化学规格、机械规格和电气规格5个课。

JIS 标准分为：（1）基础标准，即规定术语、符号、单位等的通用标准；（2）方法标准，即规定检测、分析、检查及测量方法、操作等的标准；（3）产品标准，即规定产品的形状、尺寸、质量、性能等的标准。

JIS 标准的制修订程序为：

① 标准的基础研究

在制定标准时，日本非常重视做好基础研究工作，如采集、处理（系统化）数据，建立试验方法及评价方法等。国家标准工作的重点是放在与消费者利益、生态环境以及高新技术有关的领域。

② 调查研究

JIS 标准化工作就是要具体探讨标准化的事项、标准化的具体内容，调研的目的就是收集和调查关于现行标准的信息，根据需要有时还要通过试验来确认。

日本工业标准化的调研对象一般是基础性的、通用性的标准项目，这些项目要想期待特定的企业或业界的自发性调查是很难的。实际上，日本是把工业标准化的调查研究工作委托给具有丰富知识、而且被认为是最佳的民间机构来做。对调研对象进行信息收集和实地调查，必要时通过试验和检测等手段进行验证。调查时间一般为 3 年，目的是建立某一领域的标准体系，制定 JIS 标准。

③ JIS 标准草案的起草工作

JIS 的起草工作，大部分是由政府委托给有关的民间团体（日本规格协会、业界团体、学会等），有关团体组织由有学术经验的人和相关方面组成草案制定委员会，完成草案的制定工作；或者由有关团体自发地制定 JIS 草案，但需项政府主管部门提出制修订 JIS 标准的申请。此外，还有由主管的政府机构或日本工业标准调查会秘书处亲自起草的。

1997 年，日本对工业标准化法进行了修改，简化了申请制定 JIS 草案的手续，制定 JIS 的程序如图 1-2 所示。

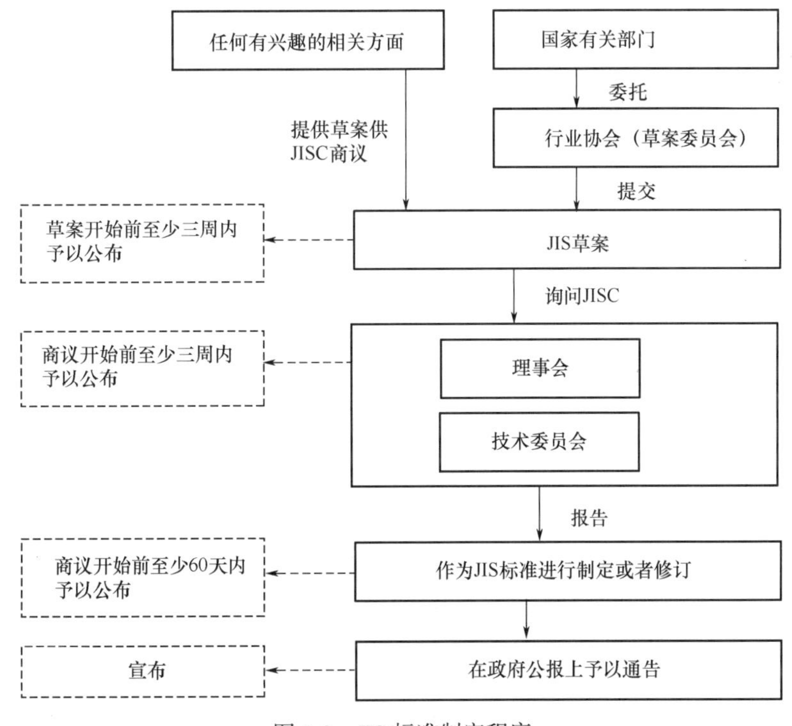

图 1-2　JIS 标准制定程序

④ JIS 的审议

根据“工业标准化法”实施规则规定，由经济产业省大臣委托的委员、临时委员等专家成立审查会，对 JIS 草案是否可以作为 JIS 标准进行审议。

有关民间团体起草的 JIS 草案，原则上是由日本工业标准调查会的各部会下设的专门委员会进行调查审议。审查通过之后，上报负责该专业的部会，再一次用综合观点来进行审议。在专门委员会上通过的标准草案，除了必须在标准会议上审议的之外，均由调查会会长回答主管大臣的询问之后便可定下来。这一过程所需的时间，一般是起草草案需约 1 年时间，调查审议需约 1 年时间。

此外，关于现行标准是否需要修订的审议工作，是从制定、修订或确认之日起到第 5 年的最后 1 天为止的 5 年时间内进行。

在上述审议过程中，被确认为不需修改、可继续执行的 JIS 标准，要确定它继续有效；认为需要修订的 JIS 标准，则要起草修订草案；认为应取消的 JIS，则要按照与上述制修订同样的程序，由调查会会长就取消 JIS 的原因回答大臣的询问。

⑤ JIS 的制定、确认、修订或取消

经调查会审议之后，向主管大臣答辩认为应该制定、确认、修订或取消的标准，应正确反映所有的有关方面的意见，大家都认为该标准继续执行时，才能把它作为 JIS 制定下来。用公报把该标准的名称、标准号、制修订、确认或取消的日期公布出来。

⑥ 确保 JIS 制修订的透明度

为了确保 JIS 制修订过程的透明度，对下述信息实行公开制度：

A．提供 JIS 原始方案编制状况的信息；

B．公布 JIS 工作计划；

C．确保 JIS 草案的公开发布，公众有机会提供陈述意见；

D．JIS 公开发布。

（2）农业标准委员会（JAS）

日本的农业标准化管理制度，即 JAS 制度，是基于日本农林水产省制定的《关于农林物质标准化及质量标识正确化的法律》所建立的对日本农林产品及其加工产品进行标准化管理的制度。任何在日本市场上销售的农林产品及其加工品（包括食品）都必须接受 JAS 制度的监管，遵守 JAS 制度的管理。

JAS 标准可以分为两种类型：一种是与产品质量、成分、性能有关的标准；另一种是有关生产方法的标准。

日本的民间标准化组织，主要是日本众多行业协会、专业团体等，他们也制定了很多行业标准，原则上只适用于该团体内部成员。如日本电机工业会 JEM 规格，汽车技术会 JASO 规格，以及信息技术设备干扰自愿控制委员会 VCCI 认证等。

2.4.2 标准化工作机制

在日本，政府主导的标准是由政府出资制定，民间制定的标准由民间出资制定。以标准层级划分，大致可分为：①国家级标准，具体包括日本工业标准（JIS）和农林标准（JAS）等，是基于《日本工业标准化法》而制定的。②专业团体标准，是由专业团体协会、学会、联盟制定的标准，原则上只适用于该团体内部成员。专业团体除受 JISC 委托，协助 JISC 工作，承担 JIS 标准的研究和起草工作外，还自行制定标准。③企业标准，由企业制定的在企业内部使用的标准，这类标准通常情况下不对外公开，是规范企业内部的规范性文件。

在日本的标准体系中，国家级标准是主体，其中又以 JIS 最权威，日本标准各层次的关系如图 1-3 所示。

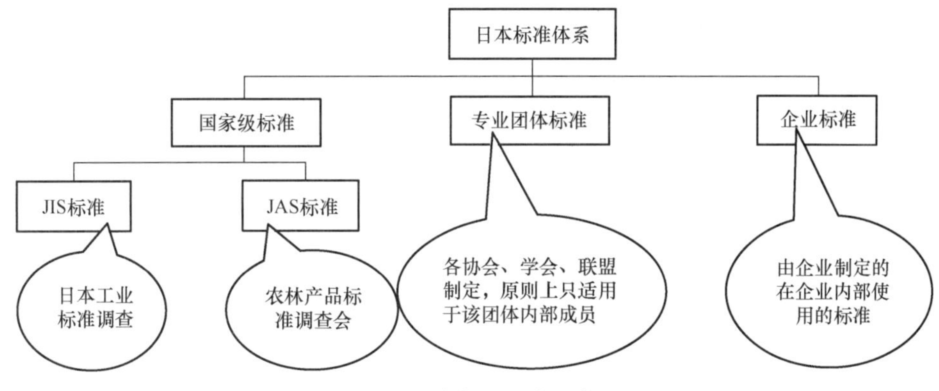

图 1-3　日本标准层次示意图

日本标准化体制具有两大特点：第一，政府在标准化活动中扮演着重要的角色，这一点与我国有共性。第二，日本标准化体制充分发挥专业团体的作用，这种机制确保在发挥政府主导作用的同时又体现了“专家制定”原则，也能够保证发布的标准符合行业发展要求。此外，日本在制定标准和推动标准执行方面很有特点。

（1）标准的制定

日本标准分别由政府和民间制定，无论是政府部门，还是民间团体、企业单位，在标准制定过程中都十分注意发扬民主和发挥专家的作用。各政府机构制定标准通常是根据标准化法设立标准调查会或类似标准调查会的机构，动员专家们出谋献策。企业制定标准则往往要求参与制定标准的各方代表一致通过后才最后定案。

（2）标准的施行

团体和企业标准，民间自行实施。各政府部门制定的标准，则由各政府部门采取措施、贯彻实施。这大体有两种情况：一种是非强制执行，另一种是强制执行，后者又分为硬性的与非硬性的两种。硬性的是把某些强制执行的标准纳入有关法律中，不执行就是违法。非硬性则是根据与标准有关的法律条文采取管、卡、罚的手段强制执行。药品、食品卫生标准都是这种情况。

非强制实施的标准大多属于工矿、农林物资标准，政府只是宣传、引导、利用竞争机制，而不强加给企业。利用竞争机制的主要方法之一是实行质量标识制度。凡生产出来的产品，经检查合乎 JIS 标准的，允许在产品上、包装容器上或发货单上，注以 JIS 标志，凡农林物资，按 JAS 标准达到规定的质量等级的，可以在该农林物资的包装或容器上标注按商品质量规定等级的标志。

关于质量标识制度，经济产业省和农林水产省所作的规定大体相同：

第一，不是所有产品都实行质量标示制度，实行的品种由主管大臣指定；

第二，要求质量标志的制造商要进行申请；

第三，申请工业质量标志，厂家的设备、检查器具、检查方法、质量管理方法及其他生产技术条件需经主管部审查通过。

2.4.3 安全标准体系

（1）安全标准

日本的家用电器安全标准在体系上比较复杂。最早的标准是以《电气用品安全法》等法规为依据，制定的一套日本本土的家用电器安全标准（也称“第 1 项”标准）。在日本实施争夺型国际标准竞争策略的背景下，日本政府为了进一步推动日本家电行业向国际标准靠拢，又制定了“J”系列标准，即引用 IEC 标准并加上日本国家差异的标准（也称“第 2 项”标准）。而日本进行产品认证时，采用的是本土标准（“第 1 项”标准）和 J 标准（“第 2 项”标准），尽管这两套标准是技术要求完全不同的标准，但在针对同一种产品进行 PSE 认证检验时，其检验结果，日本政府认为是等效的。

① 日本本土标准（“第 1 项”标准）

这套标准与国际标准没有对应关系。主要包含实验要求、试验方法等内容，具有试验项目少，试验周期短，在检验成本上更经济等特点。这套标准一直是日本家用电器安全 PSE 认证的基本依据标准。相比较后种标准，日本企业在本土更倾向于使用这套标准。

② J 标准（“第 2 项”标准）

家用电器使用的 J 标准分别有 J60335 系列标准（电气安全）、J55014-1（电磁骚扰）J1000（遥控功能）、J2000（长期使用产品标示）、J3000（防止事故发生）。J 标准本身并没有纸质标准，其与 IEC 标准的差异在 IECEE 网站和日本政府的相关标准网站上都可查到。一般日本国外机构都倾向于 J 标准。J 标准与 JISC 标准相比而言，与 IEC 标准更接近，差异更少。

A．J60335 系列标准

J60335 系列标准目前共有 90 余项标准。标准号与对应的国际标准完全一致，版本也随对应国际标准的更新而变化。

B．J2000（长期使用产品标示）

长期使用产品标示要求始于 2008 年 5 月 1 日经济产业省颁布的《电气产品技术基准省令修正案》（2008 年 METI 第 34 号省令）。管制产品包括电风扇、换气扇、空调、洗衣机（带有烘干功能的除外）和与洗衣机一体的脱水机、电视机（仅限 CRT）5 种产品，工业设备不包含在内。管制产品应在产品的明显位置加贴提醒标示，内容包括：

——产品的制造年份；

——产品在标准设计下的使用期限（在标准条件下，产品可以安全使用的期限，该期限为设计上设定的期限）；

——超过标准设计的使用期限后使用，将因产品年久失修导致火灾事故或致人受伤。

产品标准使用期限从产品的制造年份开始计算，对产品的使用环境、使用条件及使用频率设定一个标准数值，并在此基础上进行加速试验、耐久试验等科学试验，通过实验数据，确定产品因年久失修质量恶化而导致安全隐患，最后将此期限作为标准设计的使用期限。

C. J3000（防止事故发生）

a）通用要求

《电气用品安全法施行令》（昭和 37 年第 324 号政令）对于便携式发电机和交流用电气机械器具应满足：

——对于使用器具耦合器的设备，满足 JIS C 8283-1:2008《家用和类似用途器具耦合器 第 1 部分：通用要求》。当不插入连接器时，焊接设备的插入端子结构不应有机械应力。自己固定在插头上、不只依赖于焊接的设备除外。

b）特殊要求

电炉、电力调整用并联连接二极管：

——在主回路电流上有一个或多个额定容量的二极管和并联二极管具有同样规格；

——不同于并联连接二极管的状态，根据 JIS C 9335-2-30:2006 第 11 条规定进行温升试验。

带有加热器件的红热电炉：

——保护器和保护网不应在表面使用涂料或黏接剂；

——在可接触到主体的地方或随附产品说明书的其他任何文件上，以清晰可见、易读的语言显示："注意该设备在使用初期阶段，当有足够通风时，会挥发羰基化合物和挥发性有机化合物"。

c）设备零部件的要求

使用电动机电容器的空调、洗衣机、电冰箱和冷冻柜应满足 JIS C 4908:2007 的要求。JIS C 4908:2007 规定了内置电容器或 IEC 60252-1:2001 规定的 P2 类安全设备的要求。以下情况不适用：

——放在金属或陶瓷周围、防止火灾或融化蔓延的失效电容，在周边地区可能有连接到电动机电容器接线的开口；

——距离电容器外表面超过 50mm 的邻近非金属部件；

——满足 JIS C 9335-1:2003 附录 E 规定的针焰试验的距离电容器外表面在 50mm 以内的邻近非金属部件；

——易燃性等级为 JIS C 60695-11-10:2006 的 V-1 级，距离电容器外表面在 50mm 以内的邻近非金属部件。

电冰箱和冷冻柜使用的直接连接电源的插头：

——直接接触绝缘材料、甚至接触插头和插座的外表面反面的插头刀片（除了接地极）的 PTI（JIS C 2134:2007 规定）至少为 400，然而由 CTI 为 400 以上绝缘材料组成不适用此情况；

——含有绝缘材料的插头间刀片（除了接地极）应满足 JIS C 60695-2-11:2004 或 JIS C 60695-2-12:2004 规定的 Gurowaiya 试验，试验温度为 750℃。然而，根据 JIS C 60695-2-13:2004 规定的 Gurowaiya 试验温度为 775℃或更高绝缘材料水平不适用。

（2）电磁兼容标准

日本家用电器涉及的电磁兼容标准主要是采用 IEC 标准和 CISPR 标准。其中，电磁兼容标准 JIS C 61000 系列标准涉及家用电器的有 20 余项，主要修改采用 IEC 的相关标准；电磁骚扰标准采用 CISPR 标准，共有 J55013（H14）、J55014-1（H20）、J55015（H20）、J55022（H20）4 项标准。

2.5 韩国

2.5.1 标准制修订机构

韩国工业标准化组织及其职能如下：

（1）技术标准局（KATS）

技术标准局成立于 1883 年，是韩国国家级标准化组织。现设有技术标准政策部、产品安全政策部、先进技术标准部、标准技术支持部等部门，并设立各个分部。

KATS 是一个集标准化、合格评定及计量工作于一身的机构。它既承担着韩国国家标准的制修订工作，代表韩国参加国际标准化活动；又承担着合格评定体系建设任务。技术政策局主要负责标准化与合格评定工作；产品安全政策局主要负责消费品安全和计量工作；知识工业标准局是在原有的先进技术和标准部的基础上新组建的局，主要负责高新技术领域的标准化工作，诸如材料与纳米技术标准化工作、信息与通信标准化工作，并增加了知识产权工作等；标准技术基础局是在原有的标准技术援助部的基础上改编的，主要负责基础性标准化工作，如机械建筑标准化、电气电子标准化工作等。KATS 组织结构如图 1-4 所示。

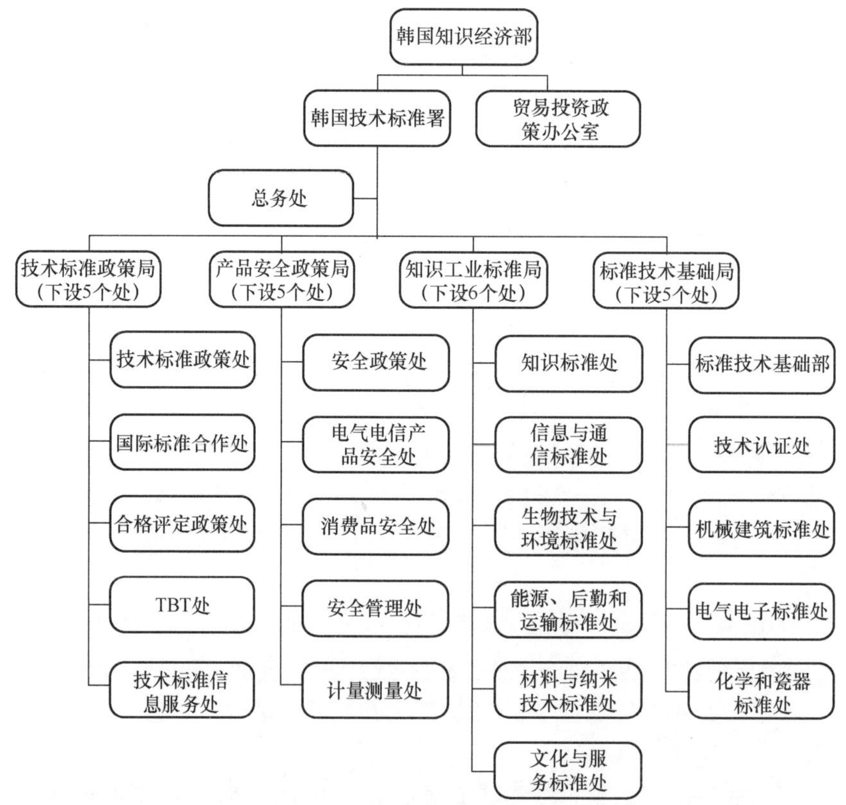

图 1-4 KATS 组织结构图

技术标准局在产业资源部的政策指导下负责制定工业标准（KS），承担着韩国工业标准委员会（KISC）的秘书处工作。技术标准局还承担着与标准化相关的支持性研发，国家认可体系管理，测量、工业产品的安全控制以及技术开发与推广等工作。

1963年，技术标准局代表韩国加入ISO、IEC，是韩国参与国际标准化活动的主要标准化组织。1973年，加入太平洋地区标准大会（PASC）。

（2）韩国知识经济部

韩国知识经济部（Ministry of Knowledge Economy，MKE）整合了原产业资源部的产业、经贸、投资、能源政策，原信息通信部的IT产业政策和邮政业务，原科学技术部的产业技术研发政策，以及原财政经济部的经济自由区、地区产业发展等的相关业务。该部共有5室、16官、59课、10组，以及3个委员会、4个院、5个所、3个团和一个总部。技术标准院为其下属机构。

（3）韩国标准协会

韩国标准协会（Korean Standard Association，简称KSA）。该机构是韩国唯一一家提供标准化和质量管理培训和教育的机构，同时也可以进行KS认证和其他国际认证。

（4）韩国标准研究院

韩国标准研究院（The Korean Research Institute of Standard and Science，简称KRISS）是韩国国家标准体系中有关计量的权威机构。KRISS创建于1975年，负责建立韩国国家测量标准，以及开展测量标准和技术的研发活动，对产业以及公众起到应有的贡献，并推动国民经济、科学技术和生活质量的提高。KRISS下设6个科，即物理计量科、生活质量科、先进材料，标准服务科、知识资源管理科和管理服务科。

（5）韩国工业标准委员会

韩国负责制定韩国国家标准（KS）的是韩国工业标准理事会（KISC）。该理事会是受KATS的直接领导。工业标准理事会目前由27位国家标准化代表组成。理事长由韩国总理担任，其成员是由来自不同部门的部长和来自私有部门的专家组成，工业理事会的主要职责是为国家标准化战略和政策提出建议。在工业标准理事会下设有52个理事会处，主要从事韩国国家标准（KS）的批准和咨询，目前有454位专家在理事处中工作；理事处下设有351个技术委员会（TC），4170位专家在这些技术委员会中工作。技术委员会负责起草和复审KS标准，他们同时还承担ISO和IEC对口委员会工作。在技术委员会下设有不同的工作组。KISC的成员主要由来自工业界、学术界、研究设计组织和消费者组织的技术专家组成，其任务就是对KS标准进行复审。

KISC在协商一致的基础上制定KS国家标准，每5年复审一次，根据工业发展的需要确认、修订或撤销标准。如果KATS认为，为推动新技术的发展，有必要使KS标准与国际标准接轨，则可在5年之内对KS标准采取适当的措施。目前，标准的制、修订主要集中在诸如信息技术、环境、废弃物材料循环等新兴领域。

2.5.2 标准化工作机制

韩国工业标准（KS）是根据《工业标准化法》的规定，经过产业标准审议会的审议，并由技术标准院院长发布公告来确定的国家标准，简称KS。

韩国工业标准涵盖基本领域（A）到信息产业领域（X）共计 16 个领域，大体分为以下三种：

产品标准：规定产品的改进、测量和质量等。

方法标准：规定检测、分析、检查和测量方法以及作业标准等。

水平标准：规定术语、技术特性、单位、数量级数等。

（1）标准分类

KS 标准分类如表 1-12 所示：

表 1-12　KS 标准分类

大分类		中分类
基本领域	（A）	基本一般/包装一般/工厂管理/放射线（能）管理/感观分析/质量管理/GUIDE/其他
机械领域	（B）	机械基本/机械要素/工具/工作机械/测定计算用机械器具和物理机械/一般机械/工业机械/农业机械/热使用和煤气用具/度量型
电气领域	（C）	电气一般/测定和试验用机械器具/电气材料/电线、电缆、电路用品/电气机械器具/通信、电子设备和零部件 1/通信、电子设备和零部件 2/真空管和灯泡/照明、布线、电器/电气应用机械器具
金属领域	（D）	金属一般/分析 1/原材料/分析 2/钢材/铸钢和铸铁/锻造铜合金/铸件/新材料/二次加工产品/加工方法/其他
矿产领域	（E）	一般、定义和符号/采矿/采矿和矿物/安全/选矿和选煤/搬运和包装
土建领域	（F）	一般结构/检测、检查、测量/材料和部材/施工
日用品领域	（G）	文具和办公用品/杂货、家庭用品/家具和室内装饰品/运动器材/特殊工艺
食品领域	（H）	食品
纤维领域	（K）	一般试验和检查/棉织品和麻织品/针织品/棉被和衣服/纺织物和编物制造设备
陶瓷领域	（L）	陶瓷/玻璃/耐火物品/粘土产品/水泥、石棉产品/研磨材料、特殊窑业产品/窑业用特殊设备/其他
化学领域	（M）	一般/工业药品/油脂和矿物油/塑料/照片材料/染料和炸药/颜料和涂料/橡胶和皮革/纸张和纸浆/试剂/水质和环境/生命工学
医疗领域	（P）	一般/一般医疗器械/牙科材料/医疗设备和器械/医疗用具
运输机械领域	（R）	汽车一般/试验检查方法/共同领域/机构/车体/电气装置和仪器/维修调整试验/维修用具/自行车/铁路用品
造船领域	（V）	一般/船体/机构/电器/航海设备和仪器
航空领域	（W）	一般/专用材料/标准零部件/机体（包括装备）/发动机/仪器
信息产业领域	（X）	信息技术术语和一般/编码、安全、符号/软件、电脑绘图/数据通信网/信息设备、数据存储媒介/信息技术（IT）的应用

（2）韩国标准的制修订

KS 可以通过以下两种方式建立：①为了提高工业产品的质量、保护消费者权益、节约能源和资源、保护健康和安全，或促进简化，由 KATS 提出；②由相关团体提出。在第一种情况下，KATS 会要求韩国标准协会（KSA），学术机构或者研究院起草标准草案；第二种情况下，申请者完全负责标准草案。一旦收到标准草案，KSTA 会征询制造商、消费者等相关团体和组织的意见。征询完意见后，草案以及相关信息会提交给工业标准委员会（产业标准审议会）进行审议，工业标准委员会下的分理事会将审核草稿。如果需要更详细的技术意见，草案将转交给对应的技术委员会进一步研究。如果草案审议通过，KATS 将在官方公报或国家标准网站上公布新标准。韩国标准从指定之日起每 5 年进行一次符合性审查，然后采取修订、确认、废除等措施，必要时可在 5 年内修订或废除。KS 的制定和修订程序如图 1-5 所示。

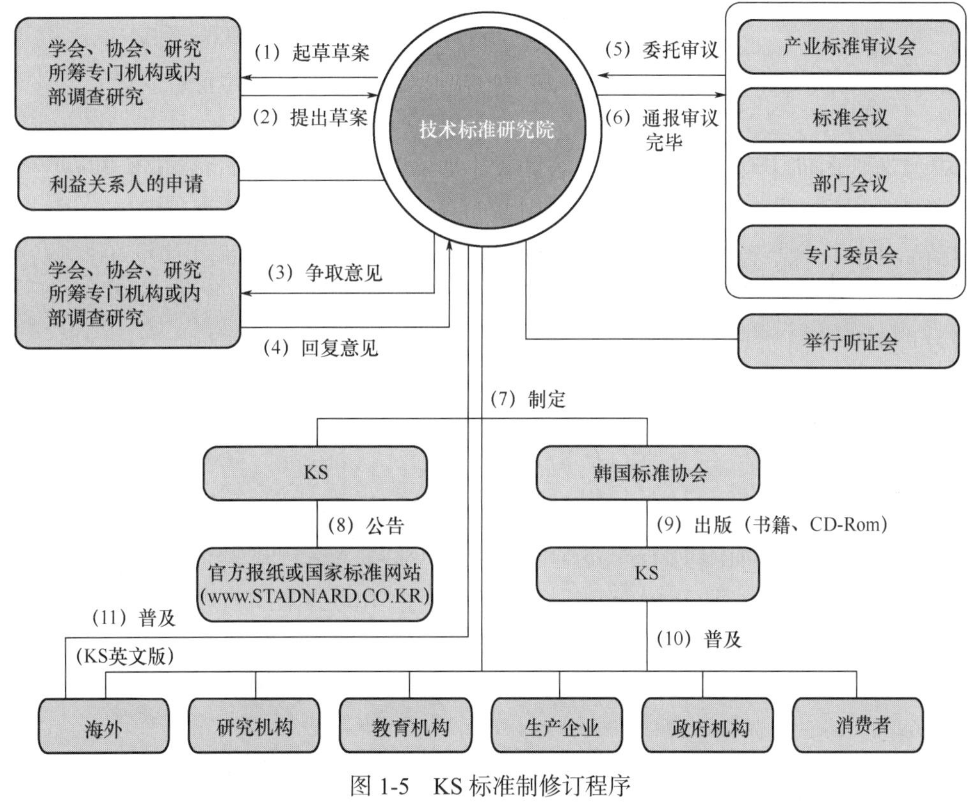

图 1-5 KS 标准制修订程序

2.5.3 安全标准体系

韩国家用电器安全标准主要以采用 IEC 和 ISO 标准为主。从研究过程中收集到的资料看，目前韩国涉及到家电产品安全的标准有 110 余项，大部分采用 IEC 60335 系列标准，与 IEC 标准的国家差异极小。其中，通用要求的最新版本 KS C IEC 60335-1-2013 中针对产生臭氧的电器提出新的标签要求。规定在《电器安全控制法》范围内产生臭氧的电器，在产品和用户手册中应显示如下标识：

——与发生臭氧的产品的安全距离；

——对用户的警告声明“使用器具中或使用后开窗让新鲜空气进来”以减少臭氧；

——声明“勿在狭小和封闭空间内使用器具”；

——对于具有捕捉、杀菌和其他类似功能的和受过专业培训人员使用的产生臭氧的器具；

——臭氧产生值（g/h）

运行时间在 1h 以下的器具为：1×10^{-5}

运行时间超过 1h 的器具为：5×10^{-6}

电磁兼容 EMC 要求包括电磁干扰（EMI）和电磁抗扰度（EMS）两个方面。其中，EMI 要求类似于 CISPR 标准，EMS 要求类似于 EN 标准。

2.6 澳大利亚

2.6.1 标准制修订机构

澳大利亚标准协会是澳大利亚联邦政府认可的最高级别的非政府标准管理机构，代表澳大利亚参加 ISO、IEC 等国际标准组织的活动，除制定澳大利亚国家标准外，澳大利亚标准协会还提供咨询、培训和合格评定等质保服务。由于澳大利亚标准协会是一公司性质的机构，又名澳大利亚标准国际有限公司，因此其收入的 97.3%来自日常的标准商业活动，2.7%来自联邦政府（主要是为了国家利益，代表国家参加一些国际标准活动）。

澳大利亚标准国际有限公司（Standards Australia International Limited，简称 SAI，商业名称 Standards Austra，即 SA）的前身是成立于 1922 年的澳大利亚联邦工程标准协会；1929 年更名为澳大利亚标准协会；1951 年经皇家特许组成公司；随着业务的不断发展，1990 年又增加了质量认证服务有限公司。1999 年 1 月，根据澳大利亚标准协会决议，该机构彻底放弃了协会性质，以公司的形式注册，并改名为目前的名称。

澳大利亚联邦政府在 1988 年与 SA 签署了一份谅解备忘录，承认 SA 是澳大利亚最高的非政府标准机构。该备忘录详细地记录了双方在澳大利亚标准化方面达成的共识，明确了 SA 在澳大利亚的独立性和权威性。为使谅解备忘录能充分体现澳大利亚不断变化的商业及工业需要，联邦政府对谅解备忘录的内容进行定期修改，并重新确认。

SA 的总部设在悉尼，在澳大利亚各州设有办事机构，并在印度、印度尼西亚和新西兰设有分支机构。截至 2011 年 6 月底，SA 拥有 9000 多个委员会专家成员、947 个积极委员会和分委员会以及 189 个积极工作小组。

澳大利亚标准国际有限公司是一家独立的、非政府组织，是澳大利亚最高的标准管理机构，主要负责协调澳大利亚国家标准和国际标准，认可其他制定或出版标准的标准化机构，制修订澳大利亚标准，代表澳大利亚参加标准化活动等。其愿景是加强澳大利亚的创新、生产力、经济效率、贸易和国际竞争力，并有助于满足社会对安全和可持续发展环境的需求。

2.6.2 标准化工作机制

澳大利亚的标准本身都是自愿性的。由于产品要符合相应的标准才能符合法规的要求，因此当标准被法律法规所引用，或被法规作为符合法规的证明时，该标准的性质转化为强制性的。

（1）标准分类

① 国家标准

国家标准又分为澳大利亚标准（AS 标准）和澳新联合标准（AS/NZS 标准）。

AS 标准：主要由澳大利亚标准国际有限公司制定。

AS/NZS 标准：澳新两国建立了 330 个联合技术委员（JTC）来制定澳新联合标准。标准制定过程结束后，分别提交澳大利亚国际标准有限公司与新西兰标准协会生效。

截至 2011 年 6 月 30 日，澳大利亚共有 6873 个澳大利亚国家标准，主要涉及农林渔食业、矿业、制造加工业、建筑业、能源、水和水供应、运输与后勤、健康和社区服务、消费者产品、服务和安全、教育和培训业、通讯、信息技术和电子商务以及公共安全 12 个行业，其中约有 2400 份被联邦/州法规所引用，成为强制性标准，约占国家标准总数的 35%。

② 行业标准

A．澳大利亚新西兰食品标准法典（FCS）——澳大利亚新西兰食品标准局（FSANZ）;

B．澳大利亚电信技术标准（ACMA TS）——澳大利亚通讯媒体管理局（ACMA）;

C．澳大利亚无线电通讯标准（ACMA RS）——澳大利亚通讯媒体管理局（ACMA）;

D．澳大利亚医疗物品规范（TOG）——澳大利亚治疗物品管理局（TGA）;

E．澳大利亚良好环境选择标签标准（GECA）——澳大利亚良好环境选择有限公司（GECA）;

F．澳大利亚有机农业标准；

G．有机标准；

H．有机和生物动态产品标准；

I．有机农业生产标准；

J．食品和纤维加工和制造标准。

同时，在标准的制定和修改方面，需要经由以下步骤：提出标准制定的要求；形成标准草案及进行公众评议；标准的批准及确认；修订维护。

在整个过程中，澳大利亚标准机构坚持开放、独立、适当的过程和共识的原则。

（2）标准的制定程序

在标准的制修订方面，澳大利亚标准化机构积极履行 WTO/TBT 的规定，坚持开放、独立、适当过程和共识的原则。为了体现开放性，标准适用范围内的相关方和个人都有参与标准制定的机会；标准化技术委员坚持中立，不被任何一方控制；标准制定过程中的所有有效目标都要取得结果；标准要经过大多数同意，而不是绝对的全体一致。

国家标准具体的制定和修改主要包括以下几个步骤：

① 提出标准制定的要求

标准制定、修改、修订项目需求的提出包括 4 个步骤：提出项目计划、进行评估、批准及确认。任何组织和个人均可提出标准制定、修改、修订或废止要求。评估时主要考虑：项目计划是否有益于国家利益，有利于生活质量的提高，有利于安全、健康，以及有利于国家、自然资源的有效利用。此外，还应考虑与项目计划有利害关系的各方是否支持这项工作，形成标准后是否可能被法律所引用等。

项目计划由相应技术委员会批准。批准后项目计划刊登于《澳大利亚标准》杂志，以征求公众意见。与此同时，所批准的项目计划上报相应的行业标准委员会确认。

② 形成标准草案及进行公众评议

技术委员会负责起草标准草案。根据规定，草案要发布在 SAI 的网站上，公众可以免费阅读，并进行评议。在草案评议期满，技术委员会要认真研究所受到的意见。评议期限跟随者项目的不同而有所变化，但一般不少于 2 个月。

③ 标准的批准及确认

在草案成为正式标准前，技术委员会成员要通过正式投票的形式批准标准的内容。委员会成员代表其提名组织进行投票，可以赞成也可以否定，但否定票需要说明否定的原因。对于否定票，委员会应充分考虑，并设法找到各方都能接受的解决方案。当标准的利益相关都接受了标准的内容并都投了赞成票，就可以达到了“协商一致”。如果委员会已经尽了最大努力仍未能解决否定票问题，考虑到所受到的票数大多数是赞成的，并且与标准利益相关方未投否订票，也可以认为已经取得了“协商一致”的结果。如果通过投票无法达到“协商一致”，则上交所属行业标准委员会来决定；如果行业标准委员会认为没有达到“协商一致”，那么它应提出旨在打破僵局的办法，如果提名组织的意见没有被接受，那么它有在公布的标准上取消自己名字的选择权。由技术委员会投票通过的标准文本为最后文本，没有技术委员会的同意，文件的技术内容不能改变。

④ 修订维护

由于技术的发展和知识更新日益加快，标准需要不断修订和维护，基于这个原因，澳大利亚规定标准的有效期不超过 15 年，对一些重要标准以及那些涉及技术变化非常快的标准，规定 5 ~ 7 年就需要修订和再版。

2.6.3 安全标准体系

澳新两国共同成立了澳大利亚/新西兰标准联合委员会，通过制定、发布联合的“AS/NZS”标准，达到了两国相互认可和产品标准的协调。在澳新两国，标准本身是自愿性的，当标准被法律法规所引用，或被法规作为符合法规的证明时，该标准的性质转化为强制性。澳大利亚被强制实施的标准约占国家标准总数的 40%。

（1）安全标准

澳新家用电器安全标准以采用 IEC 60335 系列标准为主，目前转化数量近 90 项，转化方式为等同或修改采用。同 IEC 60335 标准的体例一样，AS/NZS 60335.1 通用要求和 AS/NZS 60335.2 系列产品特殊要求需配合使用。

其中，通用要求 AS/NZS 60335.1:2011 为修改采用 IEC 60335-1 Ed 5.1。修改采用主要体现在两个方面：一是和用电环境相关，如 AS/NZS 60335.1 中 5.8.1 针对于试验条件中的额定频率，交流器具以 50Hz 的频率进行试验，交直流两用器具，交流按 50Hz，直流按最不利的电源进行试验。而 IEC 60335-1 中规定交流器具在额定频率下进行试验，交直流两用器具则用对器具最不利的电源进行试验。没有标出额定频率或标有 50～60Hz 频率范围的交流器具，则用 50Hz 或 60Hz 中最不利的频率进行试验。二是部分和 IEC 标准的差异之处是为了和已有相关国内标准保持协调一致（如插头插座标准）。如 AS/NZS 60335.1 第 22 章 22.3 中对于器具插脚按照 AS/NZS 3112《认可及测试规范-插头和插座》的规定进行。

（2）电磁兼容标准

①产品等级划分

澳新的电磁兼容管理制度把涉及到的电气产品分为 3 个等级，1 级为低风险产品，2 级为中度风险产品，3 级为高风险产品。针对 3 个级别分别有不同的管理要求，具体见表 1-13。

表 1-13 澳新电磁兼容标准产品级别要求

等级	级别确定	级别要求
1	干扰发射对无线电频率影响小的产品，如手动开关或简单的继电器、无刷鼠笼式感应电动机、传统 AC/DC 变压器、阻性原件	自愿性：供方保留完整的合格声明、保持产品描述。 对 1 级产品，上述文件和 C-tick 符合性标志是自愿的，自愿性并不排除符合 EMC 标准的责任
2	干扰发射对无线电频率影响较高的产品，如微处理机或其他数字时钟装置、换向器或集电环电动机、弧焊设备、开关式电源、照明调光器、电动机数度控制器、信息技术类的电信终端设备	供方确保产品符合适用的标准并保留合格记录，包括完整的合格声明、产品描述和试验报告或技术结构文件
3	干扰发射对无线电频率影响最高的产品：工业、科学和医疗设备 2 组产品	供方确保产品符合适用的标准并保留合格记录，包括完整的合格声明、产品描述和认可实验室 DE1 测试报告或 TCF

其中，大多数家电产品属于 2 级产品，如电吹风、真空吸尘器、剃须刀等带有电刷与换向器的产品；洗衣机、电饭煲、电冰箱、电烤箱等频繁开关而带来骚扰的电器；干衣机、全自动洗衣机、电冰箱等带有微电脑控制器或电子控制器的电器。所有属于 2 级产品的家用电器都应当符合 EMC 要求。产品在符合相应标准的同时，应具备以下文件：一份完整的合格声明、产品声明、测试报告或技术文件 TCF。

属于 1 级产品的家用电器只有低级的纯发热电器产品，如烤面包机、电烤架等。对于 1 级产品加贴 RCM 标志并不是强制性的，只要符合 EMC 标准，就无需进一步测试。但随着数字化的发展应用，这类产品越来越少。

微波炉和电磁炉则属于 3 级产品，2 级和 3 级产品则必须加贴 RCM 标志。

② 标准

澳新家电产品应同时满足相应的安全标准和电磁兼容标准，履行相应的信息登记和数据库注册义务后，加贴统一的 RCM 符合性标志后，方可在市场上销售。目前，电磁兼容检测的标准主要为 CISPR 14-1、EN 55014-1 或 AS/NZS CISPR 14.1-2013《家用电器、电动工具和类似器具的电磁兼容性要求　第 1 部分:发射》。微波炉和电磁炉应符合 CISPR 11、EN 55011 或 AS/NZS CISPR 11：2011《工业、科学和医疗无线电频率设备-电磁干扰特性-限值和测试方法》。其中，AS/NZS CISPR 14.1-2013 等同采用 CISPR 14-1：2011（5.2 版），AS/NZS CISPR 11：2011 等同采用 CISPR 11：2010（第 5.1 版）。

2.7 新西兰

新西兰与澳大利亚技术法律、法规体系相同，只是它不是联邦制的国家，它是以国家为立法单位由议会进行立法的。澳大利亚标准国际有限公司一个主要活动就有与新西兰的标准协调。

澳新法规、标准和合格评定相关活动关系密切。在澳新两国，标准本身属性是推荐性的，如果产品或服务不符合这些要求，将失去市场。当标准被法规所引用并成为符合法规的证明时，它的属性就转化为强制性的。如果产品或服务没有符合强制性标准的要求，销售将是违法的，也导致产品无法进入市场。

标准也是合格评定活动的输入和基础，实验室、检查机构和认证机构依据标准检测样品、检查安全设备或审核管理体系。认可机构使用标准评审实验室、检查机构和认证机构是否具备为客户提供特定服务的技术能力。

2.8 中国

2.8.1 标准制修订机构

根据《中华人民共和国标准化法》的规定，我国标准分为国家标准、行业标准、地方标准和企业标准四类。其中，国家标准由国家标准化管理委员会统一管理，行业标准主要由国务院有关行政主管部门管理，地方标准由各省、自治区、直辖市行政主管部门负责管理，企业标准由企业自主管理。

（1）国家标准化管理委员会

国家标准化管理委员会是国务院授权履行行政管理职能，统一管理全国标准化工作的主管机构。主要职责为：

① 参与起草、修订国家标准化法律、法规的工作；拟定和贯彻执行国家标准化工作的方针、政策；拟定全国标准化管理规章，制定相关制度；组织实施标准化法律、法规和规章、制度。

② 负责制定国家标准化事业发展规划；负责组织、协调和编制国家标准（含国家标准样品）的制定、修订计划。

③ 负责组织国家标准的制定、修订工作，负责国家标准的统一审查、批准、编号

和发布。

④ 统一管理制定、修订国家标准的经费和标准研究、标准化专项经费。

⑤ 管理和指导标准化科技工作及有关的宣传、教育、培训工作。

⑥ 负责协调和管理全国标准化技术委员会的有关工作。

⑦ 协调和指导行业、地方标准化工作；负责行业标准和地方标准的备案工作。

⑧ 代表国家参加国际标准化组织（ISO）、国际电工委员会（IEC）和其他国际或区域性标准化组织，负责组织 ISO、IEC 中国国家委员会的工作；负责管理国内各部门、各地区参与国际或区域性标准化组织活动的工作；负责签定并执行标准化国际合作协议，审批和组织实施标准化国际合作与交流项目；负责参与与标准化业务相关的国际活动的审核工作。

⑨ 管理全国组织机构代码和商品条码工作。

⑩ 负责国家标准的宣传、贯彻和推广工作；监督国家标准的贯彻执行情况。

⑪ 管理全国标准化信息工作。

⑫ 在质检总局统一安排和协调下，做好世界贸易组织技术性贸易壁垒协议（WTO/TBT 协议）执行中有关标准的通报和咨询工作。

（2）全国家用电器标准化技术委员会（SAC/TC 46）

全国家用电器标准化技术委员会负责家用和类似用途电器的标准化工作。全国家用电器标准化技术委员会秘书处设在中国家用电器研究院，全国家用电器标准化技术委员会是中国家用电器标准化的技术归口单位以及国际电工委员会（IEC）TC 59/61 及分技术委员会和国际标准化组织（ISO）TC 86/SC 3/SC 5 在中国的归口单位。SAC/TC 46 下设若干分技术委员会 SC 和标准化工作组 WG。

2.8.2 标准化工作机制

（1）标准制修订程序

我国在全国范围内实施的标准主要有国家标准和行业标准，其中国家标准制修订程序如下，行标与此基本类似。

① 标准立项

国家标准的立项实行常年公开征集制度。任何单位、个人均可根据国家标准制修订计划项目的立项条件向相关标准化技术委员会或直接向国家标准化管理委员会提出国家标准制修订计划项目提案。

国家标准化管理委员会对计划项目建议的必要性和可行性进行初审，确定拟立项项目，并向社会公开征求意见。

② 标准起草

标准草案由家电标委会组织起草。首先成立标准起草工作组，确立标准起草工作组成员；确定标准起草工作方案和标准草案内容；承担标准起草工作的单位应具备相应的标准技术能力，通常是科研单位、生产企业和检测机构。

③ 标准征求意见

标准起草工作组在完成标准草案工作后，应在一定范围内或在技术委员会及相关专家范围公开征求意见；并对所征求的意见和建议予以考虑、回复，并尽可能地广泛协商一致，对草案进行修改和完善。必要时，可第二次公开征求意见。

④ 标准审查

标准草案的技术内容和编写质量的审查，由标准化技术委员会负责组织实施，邀请技术委员会全体委员或特邀专家参与，按技术委员会工作章程规定进行审查。审查通过后，必须由秘书长或主任委员签字。

⑤ 标准批准发布

经国家标准审查部门审查通过的标准，由国家标准化管理委员会统一批准、编号，并予发布。

⑥ 标准出版

标准批准发布后，即进入出版阶段；标准的出版由国家标准化管理机构和国务院出版主管部门授权的出版社负责。

⑦ 标准维护

标准自开始实施后五年内，根据科技发展和经济建设需要，及时进行复审，以确认现行标准继续有效、修订或予以废止。复审工作由国家标准化管理委员会统一管理，由标准化技术委员会具体负责。复审结果确认为修订的，列入修订计划；确认为继续有效或废止的，由国家标准化管理委员会向社会公布。

⑧ 快速程序

对于等同、修改采用国际标准的项目，可以省略起草阶段。

对于现行国家标准的修订项目和我国其他层次的标准转化为国家标准的项目，特别是适应新技术发展、市场急需的项目，可由立项阶段直接进入审查阶段，省略起草和征求意见阶段。

国家技术标准运行机制如图 1-6 所示。

（2）SAC/TC 46 主要工作

① 国际标准化工作：代表国家参加国际标准化会议，并在国际标准化组织中行使相应的权力及义务；参与国际标准化技术交流，参加国际标准的制修订；国际标准草案和相关技术文件的技术研究和意见回复。

② 国内标准化工作：根据国家标准工作计划，组织国家/行业标准的制修订；新标准的审查报批和宣贯培训；已发布的国家/行业标准复审建议；家用电器标准体系表的组织制定；行业/企业标准的水平认定评估等。

③ 标准化科研工作：涉及家用电器标准化研究的内容，如，家用电器行业技术性贸易措施研究与预警；家用电器产品的出口技术指南的编制；国家/行业标准与国际、国外先进标准的比对分析及研究；对已颁布的家用电器国家标准和行业标准的实施情况进行调查分析等。

④ 标准化培训与宣贯：国际、国外、国家和行业的标准化研讨及相关知识的培训；已发布标准在实施过程中的宣贯指导；需要特别进行培训的实施标准，如，房间空气调节器、电热水器的安装工培训等。

⑤ 标准化咨询：组建专家顾问团为国内外家电企业和机构提供专业性的服务；接

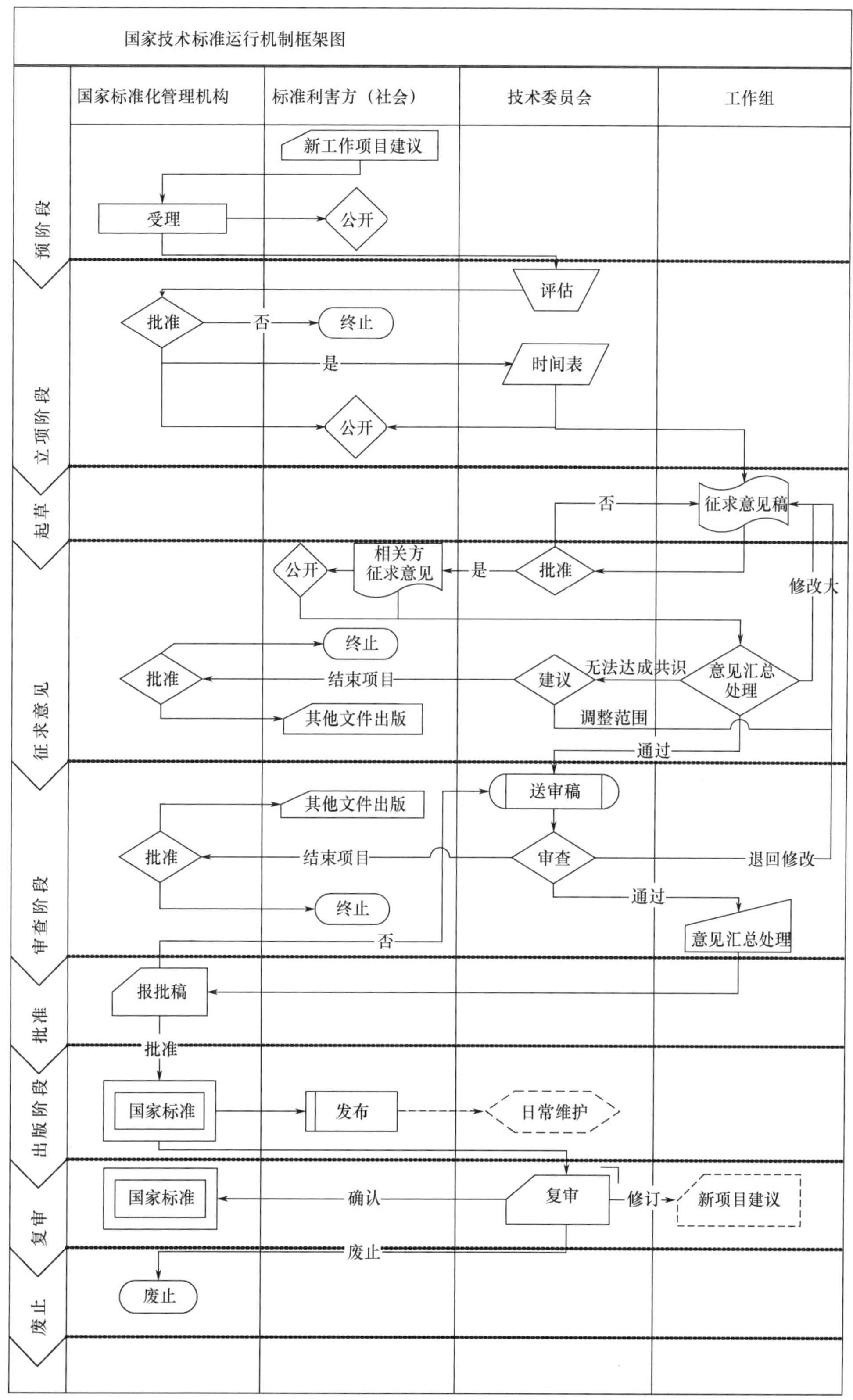

图 1-6　我国技术标准运行机制

受有关认证机构、省、市和企业的委托，提供标准化相关服务；为企业标准的制定提供指导服务等。

⑥ 其他与标准化相关的工作：家电行业相关标准的检索、查询复制；标准信息资料文件的管理发放等。

2.8.3 安全标准体系

目前，我国涉及家用电器的现行国家标准、行业标准 400 余项，其中全国家用电器标准化技术委员会归口的近 300 余项。根据标准内容可将现行标准分为五大系列。即安全标准系列，产品性能及测试方法标准系列，零部件标准系列，产品服务、维修标准系列，环境和资源再生利用标准系列。现有标准基本涵盖了家电产品的设计、生产、售后及安装服务、再生利用等各个领域，标准体系日趋完善，逐步形成了质量控制和管理的标准化闭环。

我国家电标准体系的构建，考虑的基本要素主要有：一是借鉴国外家电产业发展的历史经验和国际竞争现状；二是考虑社会的需求，如国家政策、质量管理及市场监管方面的需求，及消费者的需求；三是充分考虑我国家电行业自身的需求和发展特点、发展趋势；四是运用产品生命周期思想。综合考虑以上四方面的因素，我国家电行业标准体系框架如图 1-7 所示。

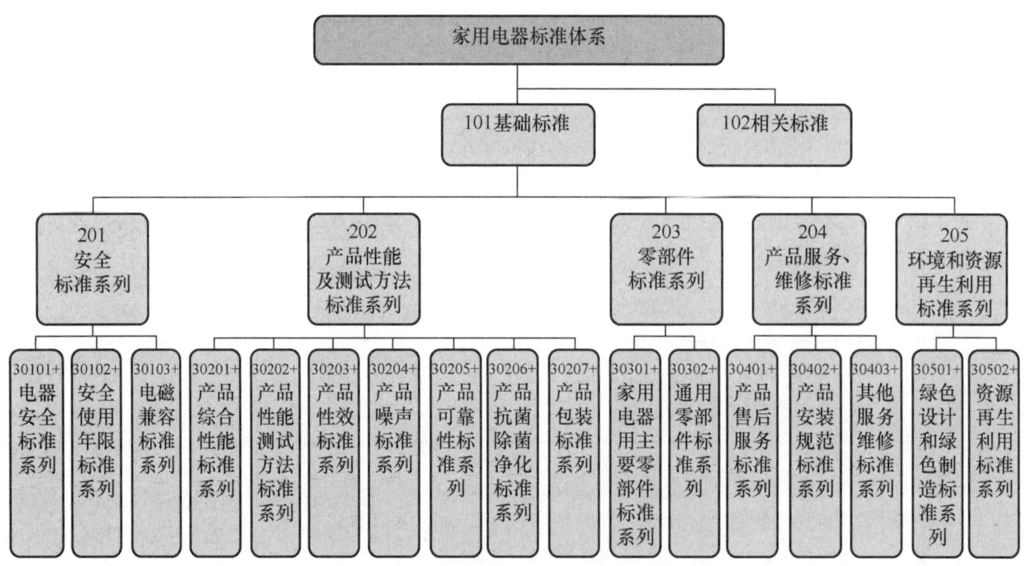

图 1-7 我国家用电器标准体系框架

其中安全标准系列主要包括：

（1）电器安全标准系列

早在 20 世纪 80 年代我国家用电器工业起步阶段，我国就制定了 GB 4706 系列标准 20 余项。经过近 30 年的发展，GB 4706 系列已包括百余项标准，涵盖了市场中的绝大多数家电产品，为强制性标准。该系列成型早，数量多，覆盖面广，涉及家用电器种类繁多。该系列标准的主要特点如下所述：

① 该系列标准绝大多数采用 IEC 60335 系列标准，以等同采用为主，同时采标的过程中，结合我国的地理、气候及用电环境，考虑了国家差异，如储水式热水器。

② 同 IEC 60335 一样，分为通标 GB 4706.1 和特标 GB 4706.××（具体产品标准），通标和特标配合使用。

③ 密切跟踪和关注国际标准的版本更新及技术内容的发展变化，及时调整和修订我国的标准。

④ 针对我国特有的产品，而国际标准又没有涉及的，自行制定国家标准，如豆浆机、电压力锅、整体厨房等。同时在制定国家标准的同时，为保护我国产品在国际市场的认可度，提出相应的国际标准制修订提案。

⑤ 该系列标准为保护消费者的安全、保障我国家电产品的安全性，及促进产品出口，提供了最基本的技术保障。

（2）安全使用年限标准系列

家用电器产品和其他消费品一样，都有一个安全使用寿命。超过这一期限，产品就应该报废，否则就会增加安全隐患，如制冷剂泄露、漏电等。除此之外，超龄的家用电器产品的各方面性能也会下降，故障率明显增高。

为了充分保障消费者权益和人身财产安全，同时合理维护家用电器生产厂商的利益，家电标委会制定了 GB 21097.1《家用和类似用途电器的安全使用年限和再生利用通则》标准，并已发布实施，具体产品的相关标准也正在制定过程中。通过此系列标准的制定更进一步维护电器安全。

（3）电磁兼容标准系列

家电产品电磁兼容标准包含两个方面的要求：其一是要求产品对外界的电磁干扰具有一定的承受能力；其二是要求产品在正常运行过程中，该产品对周围环境产生的电磁干扰不能超过一定的限度，我国电磁兼容标准为强制性标准。该部分标准采用国际 IEC61000 系列标准和 CISPR（国际无线电干扰特别委员会）相关标准。本系列标准不在 TC 46 的归口范围内。

2.9 国内外家用电器产品标准化工作机制及标准体系差异性分析

2.9.1 标准化工作机制差异性分析

（1）总体上看，欧盟、美国、日本等发达国家均采用自愿性标准体系，标准本身不具有强制性。在法律法规等法律形式文件中引用标准，使标准成为法律法规和契约合同的组成部分是发达国家法制化的重要特征。标准基本上划分为国家标准、团体标准和企业标准三个类型；标准的形式包括标准、技术守则、补遗和公告等。近年来，又出现了协议标准和事实标准等新模式，充分体现了标准应尽快反映技术进步和市场需求的原则。

（2）欧美日澳韩等发达国家和地区的标准化法律体系都比较健全完备，标准化法律强调充分利用标准化成果。欧美澳等的标准化体制以民间标准化组织为主体开展国家标准化工作，通过政府机构与民间标准化机构之间签署合作协议或备忘录的形式开展工作；日韩则是以政府为主体，政府在标准化工作中起主导作用。总体上，民间标准在上述发达国家和地区的标准化体制中都占据了举足轻重的位置。同时，美国、法国、德国、日本等的专业团体学会和协会在标准化工作中也发挥主导作用。

发达国家已建立了适应市场经济发展的国家技术标准体系，他们在不断完善的技术标准体系下，标准已深入社会生活的各个层面，为法律法规提供技术支撑，成为市场准入、契约合同维护、贸易仲裁、合格评定、产品检验、质量体系认证等的基本依据。

（3）加入世界贸易组织的十多年来，我国经济获得高速发展，标准化工作在这个进程中发挥了巨大的推动作用，同时，标准化的实践工作取得了积极的成效并积累了丰富的经验。在当前国家经济结构面临调整，改革进一步深化的大局势下，标准化工作机制如何更好地发挥作用，是政府和国家标准化相关管理部门高度关注的问题，标准化工作也面临着进一步的改革，以适应市场经济进一步发展的需求。2015 年 3 月，国务院印发《深化标准化工作改革方案》，部署改革标准体系和标准化管理体制，改进标准制定工作机制，强化标准的实施与监督，以更好发挥标准化在推进国家治理体系和治理能力现代化中的基础性、战略性作用，促进经济持续健康发展和社会全面进步。

2.9.2 安全标准体系差异性分析

依据我国的家电标准体系框架，安全标准分为涉及人身安全的电器安全标准、安全使用年限标准、电磁兼容标准，其与国际/国外标准的整体对比情况见表 1-14。在此项目研究过程中发现，我国的安全使用年限标准只有日本有相关内容，电磁兼容标准在国内又分属不同标委会归口，所以在后续具体标准对比过程中只针对电器安全标准。

表 1-14 我国家电安全标准系列同国际/国外标准对比情况

		中国	IEC/ISO	欧盟	美国	日本	澳新	韩国
安全标准系列	电器安全	强制性标准。 主要为 GB4706 系列标准，绝大多数等同采用 IEC 60335 系列标准	IEC 60335 系列标准从诞生至今，已经几十年。分为通用要求和特殊要求标准，二者配合使用；特殊要求覆盖的产品已达百余种	EN 60335 系列标准与 IEC 标准体系基本相同，作为指令的协调标准，不是强制的	UL 标准的基础安全标准和专业产品安全标准均已形成了自己的标准体系，与国际标准有很大差异，与 IEC 安全标准体系一样并称为目前国际上最具权威性的两大标准体系	PSE 认证依据的技术标准有两套：一套是日本本土标准（“第 1 项”标准）；一套是引用 IEC 标准并加上日本国家差异的标准，也称为 J 标准或“第 2 项”标准	AS/NZS 60335 系列标准以采用 IEC 60335 系列标准为主，目前转化数量近 90 项，转化方式为等同或修改采用。	目前，涉及家电产品安全的标准有 110 余项，大部分采用 IEC 60335 系列标准，个别产品与 IEC 标准有国家差异。其中 KS C IEC 60335-1-2013 中针对产生臭氧的电器提出新的标签要求

表 1-14（续）

		中国	IEC/ISO	欧盟	美国	日本	澳新	韩国
安全标准系列	安全使用年限	2007 年开始发布实施。	暂无此类标准	暂无此类标准	暂无此类联邦标准	J2000 长期使用产品标示制度及其配套的标准使用条件系列标准	暂无此类标准	暂无此类标准
	电磁兼容	等同采用IEC/CISPR标准，强制与推荐相结合，已实施多年。	IEC/CISPR（国际无线电干扰特别委员会）和 TC77 CISPR14-1/14-2 IEC 61000系列标准	基本同IEC/CISPR一致。	EMC 标准具有相对的独立性。 一般家用电器满足47 CFR 15的特定技术要求；微波炉和电磁炉电磁兼容性能需满足47 CFR 18的要求	基本等同采用 IEC/CISPR/77对应标准	基本等同采用IEC/CISPR/77 对应标准	基本同IEC/CISPR一致

第2章 国内外家用电器产品标准对比分析

GB 4706.1《家用和类似用途电器的安全 第1部分：通用要求》和GB 4706.2×××《家用和类似用途电器的安全 第2部分：×××产品的特殊要求》系列标准共计一百余项，共同构成我国家用电器产品的安全标准，GB 4706.1通用要求标准与第2部分的特殊要求标准结构、章节设置完全一致，使用时通用要求标准和特殊要求标准需要配合、交替使用。以下分别对通用要求标准和具体产品的特殊要求标准进行对比分析。

1 通用要求标准对比分析

1.1 GB 4706.1历次版本与IEC 60335-1的对应关系

GB 4706.1从第1版至今共经历了5个版本，均等同采用IEC 60335-1的不同版本。其与IEC 60335-1的版本对应关系如表2-1所示。

表2-1 GB 4706.1历次版本与IEC 60335-1各版本的对应关系

IEC 60335-1			GB 4706.1		
年份		版本	标准号	版本	采用IEC版本号
1970～1976	1970	1.0版	GB 4706.1—84	第1版	等同采用IEC 335-1（1970版）及1、2号修改件（1973、1974）
	1973	增补件1			
	1974	增补件2			
1976～1991	1976	2.0版	GB 4706.1—92	第2版	等同采用IEC 335-1（1976版）及1、2、3、4、5、6号修改件（1977、1979、1982、1984、1988）
	1977	增补件1			
	1979	增补件2			
	1982	增补件3			
	1984	增补件4			
	1986	增补件5			
	1988	增补件6			
1991～2001	1991	3.0版	GB 4706.1—1998	第3版	Eqv IEC 335-1:1991
	1994	增补件1			
	1999	增补件2			
2001～2010	2001	4.0版	GB 4706.1—2004	第4版	IDT IEC 60335-1：2004（ed4.1）
	2004	增补件1、4.1版			
	2006	增补件2、4.2版			

表 2-1（续）

IEC60335-1			GB 4706.1		
年份		版本	标准号	版本	采用 IEC 版本号
2010	2010.05	5.0 版	报批	第 5 版	IDT IEC 60335-1：2013（ed5.1）
	2010.07	增补件 1			

1.2　GB 4706.1 与各国/地区标准的对比分析

GB 4706.1—2005 等同采用 IEC 60335-1：2004（Ed4.1）。欧盟、美国、日本、澳新等国家和地区也分别采用 IEC 60335-1，但采标时存在不同程度的国家差异。具体情况见附表 9。

由对比表格可以看出，欧盟、美国和日澳等国家和地区采用 IEC 60335-1 时存在国家差异及原因如下：

（1）欧盟

欧洲的家用电器技术以及其标准化工作一直处于世界领先水平，经过近百年的发展和积累，欧洲家电标准拥有了先进的基础技术、雄厚的科研实力、丰富的经验积累，也正因如此，欧盟标准被 ISO/IEC 等组织采纳为国际标准，供世界各国借鉴采用，并且为其家电产品及其相关企业在国际市场的优势、领先地位提供了前提保障。

欧盟的家电安全标准是多个欧盟成员国协调一致的结果，欧洲特色鲜明，各成员国在制定共用标准的基础上，都在标准中保留了国家差异，同时还制定了符合各国实际情况的附加标准。在欧盟内部已经形成了较为系统、成熟和协调的标准化体系。

欧盟的家电安全通用要求 EN 60335-1 标准，在 IEC 60335-1 标准基础上，增加了较多的适合本国国情的标准差异，主要包括以下几个方面：

——针对欧盟地区的电源线特点，增加了对无卤热塑性化合物护套软线的规定。

——增加了对孩童和弱势人群使用电器的要求。

——增加了对除了紫外线和红外线辐射皮肤器具、杀虫器、紫外线水处理器以外的其他电器关于紫外线辐射的一般要求。

——针对带有自动卷线盘的器具在潮湿环境使用提出了更高的试验要求。

欧盟标准作为 IEC 标准的主要来源，经过多年的发展，其标准体系和技术内容已经发展得较为成熟。因此，现阶段在许多领域的标准研究开发上，向着更细化和更深入的方向发展。例如，针对欧洲内部和世界性的老年化现象的严重以及残疾人的增多，其将研究目光转向特殊人群的需求领域，研究老年人、残疾人、儿童等特殊消费人群对家用电器的在安全上、性能上的特殊需求，进而研究现有标准的普适性和合理性，以通过相关标准的研制和改进，将这些特殊需求融入家电产品的设计、制造中，来提高家电产品对更广泛人群的适用性和通用性。此外，试验方法的要求更加贴近用户的实际使用环境，以确保消费者在使用过程中的安全。

（2）美国

UL 安全标准自成体系，无论从标准文本结构，还是主要技术内容，与 IEC 标准都有较大差异。但近年来美国也逐步开始采用IEC 60335标准，至今已有6项协调标准，即 UL60335-1（通用要求）、UL60335-2-3（电熨斗的特殊要求）、60335-2-8 （剃须刀、电推剪的特殊要求）、60335-2-24 （制冷器具、冰激淋机、制冰机的特殊要求）、60335-2-34 （电动机-压缩机的特殊要求）、60335-2-40 （热泵、空调、除湿机的特殊要求），与IEC标准逐步呈现出融合趋势。

UL60335-1 为美国、加拿大和墨西哥三个国家的通用标准（NMX-J-521/1-ANCE.CAN/CSA-C22.2.NO60335-11. UL60335-1）。相对于 IEC 国际标准来说，通用要求现行版本 UL60335-1：2011 采用 IEC 60335-1:2006（Ed4.2），取代上一版本UL60335-1：2004。UL60335-1：2011 标准中与 IEC 60335-1 的国家差异较多，概括起来主要分为以下几种类型，这也是存在国家差异的主要原因：

——DR：基于国家法规要求的国家差异，如电气产品首先应符合《国家电气规范》（NEC）的要求；

——D1：基于基础安全准则和要求的国家差异，缺少这些准则和要求的话，将会损害消费者和产品使用者的安全；

——D2：基于现行安全实践的国家差异，这些要求在 IEC 标准中没有实证数据或标准中没有包含该内容；

——DC：基于部件标准的国家差异，这些差异只有在部件标准与 IEC 标准协调使用时才可消除；

——DE：基于编辑或校正的国家差异。

在 UL60335-1：2011 版本中，针对每一条差异，都标明了对应的差异类别。产生差异的根本原因在于安全标准同现有法规、安全要求和安全实践保持一致。

（3）日本

日本家用电器工业依据自己的特点和经验，逐步建立起具有自己特点和适合本国家电行业发展的标准体系，从安全标准到产品性能标准，都很完备。即与国际标准并不存在太多的交叉。但是，进入八九十年代，随着各国在国际贸易领域竞争的加剧，日本为了在国际贸易减少贸易障碍，使其在竞争中具有更多的优势，开始改变其标准战略。在家电标准领域，除了其本土标准外，完整地引入了 IEC 标准：在安全标准领域里，除了第1项标准外，开始采用IEC 60335系列标准，并加入国家差异，建立起为其出口产品提供基本技术保障，同国际接轨的第2项标准，为日本家电产品在国际上的竞争提供了巨大的支持和保障。

日本的安全标准在采用国际标准的基础上加入了国家差异，主要是充分结合国内的地理、气候、用电环境及生活习惯等方面的特点，提出适合本国的技术指标及要求。JIS C 9335-1 与 IEC 60335-1 的主要差异如下：

——根据日本用电环境特点，在标准中增加了对0类器具和01类器具的要求。

——根据日本的电安法及相关的省令等，在标准中依据本国法令进行了相应修改。

——对IEC的一些涉及用电环境的条款进行了细化和进一步明确。

——增加了日本特有产品的感热线试验方法。

（4）澳大利亚和新西兰

澳新标准 AS/NZS 60335-1 标准内容与 IEC60335-1 基本一致，同 IEC 标准的国家差异点较少，主要体现在几个方面：

——主要基于和国内相关法规的一致性，标准中的内容涉及法规规定的部分应符合法规的相关规定；

——基于和已有相关标准（如部件标准）保持一致；

——考虑了用电环境的差异，如试验一般条件中频率只选择了 50Hz 等。

（5）我国

我国作为家电制造和出口大国，在安全标准制修订过程中一直遵循采用国际标准的原则，多年来为我国产品的出口提供了基础的技术支撑和通行证。通用要求 GB 4706.1 现行版本采用 IEC 60335-1：2004（Ed4.2），目前新版本的修订工作已完成，处于报批阶段，新版标准的发布实施，将会更好地同国际接轨和适应国际贸易的需求。新版本等同采用 IEC 60335-1：2013（Ed5.1），基于以下考虑：

——首先为保证我国家电产品顺利出口，减少国际贸易中不必要的技术障碍提供保障；

——GB 4706 标准通用要求、特殊要求需配合、交替使用，其中通用要求是基础的特点，决定了通用要求等同采用具有更好的适用性和整体性；

——考虑到使用环境，如用电、气候、地理等方面的差异，可结合具体产品的特性在第 2 部分的产品特殊要求中有所体现。因此，现行我国产品特殊要求 GB 4706.×× 系列标准中有些已加入了国家差异（如电热水器），或结合我国产品的特性，直接提出国际提案，修改国际标准（如电压力锅、豆浆机等产品）。

2　特殊要求标准对比分析

在具体家电产品安全标准的对比中，我们主要选择了使用面广，与我国大众日常生活紧密相关的重点产品及在我国由于使用环境与其他国家/地区不同而具有国家特色的产品等，涉及电熨斗、吸尘器、按摩器具、热水器、制冷器具、吸油烟机等。

2.1　电熨斗

电熨斗的各国和地区安全标准主要为：

IEC：IEC 60335-2-3

欧盟：EN 60335-2-3

美国：UL60335-2-3

日本：JIS C 9335-2-3

韩国：KS C IEC 60335-2-3

澳新：AS/NZS 60335.2.3

中国：GB 4706. 2

GB 4706. 2《家用和类似用途电器的安全　第 2 部分：电熨斗的特殊要求》标准对

比见附表 10。

我国现行电熨斗安全标准 GB 4706. 2—2007 等同采用 IEC 60335-2-3：2005。目前，该标准正在修订中，本次修订将采用 IEC 的最新版本 IEC 60335-2-3am1 Ed.6.0：2015。

2.2 真空吸尘器

真空吸尘器的各国和地区安全标准主要为：

IEC：IEC 60335-2-2

欧盟：EN 60335-2-2

美国：UL1017

日本：JIS C 9335-2-2

韩国：KS C IEC 60335-2-2

澳新：AS/NZS 60335.2.2

中国：GB 4706. 7

除了美国之外，其他国家和地区都采用 IEC 标准，个别标准存在一些国家差异。因此，主要对我国标准和 UL 标准进行了对比。GB 4706. 7《家用和类似用途电器的安全　真空吸尘器和吸水式清洁器具的特殊要求》标准对比见附表 11。

（1）主要差异总结

我国吸尘器安全标准一直以来均等同采用 IEC 60335-2-2《家用和类似用途电器的安全第 2-2 部分：真空吸尘器和吸水式清洁器具的特殊要求》。美国吸尘器安全标准为 UL 1017:2010《真空吸尘机、鼓风机及家用地板清洁产品测试及安全要求》。

与美国相比，我国的吸尘器产品类别相对单一，且在标准结构和技术要求方面差异较大，主要体现在：

① 标准使用方法不同

UL 标准以产品结构确定其安全性；IEC 及国标以具体安全条款的指标确定产品的安全性。

国标对于具体产品的特殊安全要求需要和通用安全要求结合在一起使用，而 UL 标准体系是一种产品对应一个标准；UL 标准是结构在先、性能测试方法在后，结构和零部件是保证安全的关键，而试验结果是验证结构的设计和零部件的选用是否合理的依据，国标则按照可能影响产品安全性能的各个方面就结构需达到的要求和验证用的测试方法合并使用。

② 防触电保护和防火的要求不同

国标基于交流电压在 220～240V 的电器，对器具防触电保护的设计要求较高，即对材料和结构的电气绝缘性能和电气间隙的规定较严格。而美国电器电压为 110～120V，加上其房屋结构多为木质，因此 UL 标准在防火方面的要求相对较严格，对材料阻燃性要求更高，产品上关键部位使用的聚合材料需要较高的 UL 阻燃等级。

③ 器具的接地连接方法不同

在 6.1 条款上，国标的定义为Ⅰ类、Ⅱ类或Ⅲ类器具，但是在美国的 UL 标准中，

0 类器具是被允许使用的，即电击防护仅依赖于基本绝缘的器具。这是因为在美国，器具处于相对干燥的环境中，绝缘等级可以低至 0 级。而我国规定 I 类电器为最低要求。

④ 阻燃性具体测试方法不同

——球压测试与烤箱测试：国标中球压测试是一种通过球压装置置于材料上，并放在烤箱中烤 1h 来判定材料软化度的测试。UL 烤箱测试是一种针对成品的测试，通过 7h 的烤箱烘烤，来判定外壳部件会否因此破裂或变形。在所需的可燃性等级判定上，国标要求所有可能被引燃或传播火焰的非金属材料应经受至少 550℃的灼热丝测试或具有 HB40 等级。当材料的可燃性额定等级不能被确认时即针焰测试不被采用时，国标要求靠近或支撑载流连接件的部件在更高的温度下进行灼热丝测试。对于 UL 标准，外壳可燃性等级的要求取决于产品的使用情况。例如：有人看管情况下工作的便携式产品，其外壳材料应至少为 HB 等级，而无人看管下工作的便携式产品要求具有至少 V-2 等级的材料。HB 等级的材料允许在厚度小于 3mm 时有 75mm/min 的燃烧速率，而 HB40 要求燃烧速率小于 40mm/min。HB40 和 HB 这两种等级的材料都允许在厚度大于 3mm 时有 40mm/min 的燃烧速率。

——灼热丝测试与热丝引燃测试（HWI）：UL 热丝引燃测试是一种材料测试，允许使用灼热丝测试来作为代替判断材料的 HWI 要求，而国标灼热丝测试是一种成品测试。

——直接接触带电部件或支撑载流连接件：UL 包含对直接接触或紧密靠近非绝缘带电件部件的要求，内容主要包括确定材料是否具有所需的 HAI、HWI 和相对温度指数值（CTI）。如前所述，HAI 和 HWI 是取决于材料的可燃性等级的。对于国标，那些支撑或紧密靠近载流连接件的部件要做进一步的灼热丝测试评估。

（2）结论及建议

我国是吸尘器生产及出口大国，2012 年全国家用吸尘器累计总出口量为 8066 万台，主要集中在苏州、东莞、深圳、浙江和天津等地区，主要出口市场为欧盟、美国及日本。因此，有必要对国外相关标准进行比较分析，以减少出口遭遇技术性贸易壁垒损失，增强我国出口吸尘器产品的国际竞争力，同时，借鉴发达国家经验提高我国相关产品标准水平。因而提出以下建议：

我国吸尘器的特殊要求 GB 4706.7—2014 等同采用 IEC 60335-2-2:2009，但目前 IEC 最新版本为 2012 年发布的 IEC 60335-2-2am1 Ed6.0。欧盟已经紧跟 IEC 步伐，对吸尘器特殊安全要求则采用了 2012 年修订标准。建议我国转化 IEC 的最新版本标准，为产品出口创造便利条件。

2.3　电热毯

电热毯的各国和地区安全标准主要为：

IEC：IEC 60335-2-17

欧盟：EN 60335-2-17

日本：JIS C 9335-2-17

澳新：AS/NZS 60335.2.17

中国：GB 4706. 8

上述国家和地区的标准分别采用 IEC 标准。其中，我国现行安全标准版本 GB 4706.8—2008 等同采用 IEC 60335-2-17 （Ed.2.1）:2006。目前，IEC 的版本已更新至 IEC 60335-2-17（Ed.3.0）。GB 4706. 8—2008 与 IEC60335-2-17（Ed.3.0）相比，IEC 新版标准变化较多，范围、测试条件及具体的安全要求及对应侧测试方法，均有不同程度的变化，详细的对比情况见附表 12。

目前，GB 4706. 8—2008《家用和类似用途电器的安全　电热毯、电热垫及类似柔性发热器具》标准正在修行中，本次修订将采用 IEC 的最新版本 IEC 60335-2-17 Ed.3.0:2012。

2.4　按摩器具

按摩器具的各国和地区安全标准主要为：

IEC：IEC 60335-2-32

欧盟：EN 60335-2-32

美国：UL1647

日本：JIS C 9335-2-32（J 60335-2-32）

韩国：KS C IEC 60335-2-32

澳新：AS/NZS 60335.2.32

中国：GB 4706. 10

GB 4706.10《家用和类似用途电器的安全　按摩器具的特殊要求》标准对比见附表 13。

（1）主要差异总结

本次比对的 GB 4706.10—××××《家用和类似用途电器的安全　按摩器具的特殊要求》国家标准，等同采用了 IEC 60335-2-32:2013 “Household and similar electrical appliances-Safety-Particular requirements for massage appliances。”该 IEC 标准对应的欧盟标准为：EN 60335-2-32；对应的日本标准为：J 60335-2-32；而对应的美国标准则是 UL 1647 “Motor-Operated Massage and Exercise Machines”。UL 标准主要针对北美地区国家制订，具有一定的特殊性。

①根据 IEC 60335-2-32:2013 标准列表，主要存在的国家差异有如下几项：

——6.1：0 类便携式器具是允许的（日本、美国）。

——6.1：额定电压不超过 150V 的 0I 类便携式是允许的（日本）。

——6.1：I 类便携式器具是允许的（美国）。

——13.2：泄漏电流值为 0.30mA（峰值）(印度)。

——16.2：泄漏电流值为 0.30mA（峰值）(印度)。

——19.7 和 19.8：不进行这些试验（美国）。

——20.1：稳定性试验在 8° 进行（美国）。

② 差异评估及原因：

我国目前实施的 GB 4706.10—2008 国家标准等同采用 IEC 60335-2-32：2005。而 GB 4706.10 已在 2014 年完成修订，并于 2015 年 3 月通过了审定，即将报批，因此本次比对内容采用了 GB 4706.10—××××《家用和类似用途电器的安全　按摩器具的特殊要求》(报批稿)，该版本等同采用了 IEC 最新版本——IEC 60335-2-32:2013，因此，现版本与国际 IEC 标准不存在差异。

相对于其他国家的差异分析如下：

6.1 条款差异分析：0 类器具或有一个可构成部分或整体基本绝缘的绝缘材料的外壳，或有一个通过适当绝缘与带电部件隔开的金属外壳……，则认为是 I 类器具，或是 0 I 类器具。美国与日本的住宅用电环境和基础设施比较完善，并且美国和日本的市电电网电压分别为 120V60Hz、110V60Hz，比欧洲和我国的 220V50Hz 都要低。有上述绝缘外壳的电器产品是能够满足 0 类和 0 I 类器具防电击的安全要求。因此，美日标准规定 0 类、0I 类和 I 类便携式器具是允许的。

13.2 和 16.2 条的泄漏电流差异分析：印度半岛约 60%的地区属于热带季风气候；特点是全年高温，全年降水丰富，其中，那加兰邦的乞拉朋齐年降水量达 1 万毫米以上，被称为“世界雨极”。因此，绝缘材料性能容易受到高温潮湿的影响，造成同一台器具在欧洲和在印度泄漏电流大小产生差别，印度对与人体接触的按摩器具的泄漏电流加严了要求。

至于 20.1 条款，IEC 60335-2-32:2013 写明“稳定性试验在 8° 进行(美国)。”但是，我们查阅了目前 UL 的现行版本：UL Standard for Safety for Motor-Operated Massage and Exercise Machines，UL 1647 Fifth Edition，Dated April 21，2011，发现与 IEC 的 10° 要求是一致的，不存在差异。

(2) 结论及建议

目前，我国的 GB 4706.10 已经完成修订，即将报批的 GB 4706.10—××××《家用和类似用途电器的安全　按摩器具的特殊要求》等同采用了 IEC 60335-2-32:2013，该版本是 IEC 在 2013 年 12 月发布的，为当前最新版本。

我国 GB 4706.10 标准的技术内容与 IEC 最新版本完全一致。同时，该版本存在的部分国家间差异点并不多，或大部分国家差异要求也低于 IEC 标准的要求，因此，我国只要更新标准版本即可，并建议将报批中的 GB 4706.10—××××《家用和类似用途电器的安全　按摩器具的特殊要求》尽快批准发布。

2.5 储水式热水器

储水式热水器的各国和地区安全标准主要为：

IEC：IEC 60335-2-21

欧盟：EN 60335-2-21

美国：UL174

日本：JIS C 9335-2-21

韩国：KS C IEC 60335-2-21

澳新：AS/NZS 60335.2.21

中国：GB 4706. 12

除了美国之外，其他国家和地区主要以采用 IEC 标准为主。因此，附表 14 中主要针对 GB 4706.12《家用和类似用途电器的安全 储水式热水器的特殊要求》标准和美国标准 UL174 进行了对比。

（1）主要差异总结

我国的储水式热水器安全标准为：GB 4706.12—2006《家用和类似用途电器的安全 储水式热水器的特殊要求》。针对我国配电线路接地系统异常，该标准修改采用 IEC 60335-2-21：1997，与 GB 4706.1—1998 配合使用。欧盟标准 EN 60335-2-21，针对本地区水压高的特点，增加：附录 ZA，对密闭式热水器，增加丹麦、芬兰、挪威和瑞典等国家的最小额定压力要求；同时增加：附录 ZB，针对英国增加水温要求。日本标准 JIS C9335-2-21，为修改采用 IEC60335-2-21，依据本国配电情况和水道法令，修改了热水器的器具类型、器具结构的耐压性。美国标准 UL 174 与我国标准差异较大，主要体现在：

① 标准结构不同

UL 标准以产品结构确定其安全性；IEC 及我国标准以具体安全条款的指标确定产品的安全性。

我国标准对于具体产品的特殊安全要求需要和通用安全要求结合在一起使用，而 UL 标准体系是一种产品对应一个标准；UL 标准是结构在先、性能测试方法在后，结构和零部件是保证安全的关键，而试验结果是验证结构的设计和零部件的选用是否合理的依据，我国标准则按照可能影响产品安全性能的各个方面就结构需达到的要求和验证用的测试方法合并使用。

② 防触电保护和防火的要求不同

我国标准基于交流电压在 220～240V 的电器，对器具防触电保护的设计要求较高，即对材料和结构的电气绝缘性能和电气间隙的规定较严格。而美国电器电压为 110～120V，加上其房屋结构多为木质，因此 UL 标准在防火方面的要求相对较严格，对材料阻燃性要求更高，产品上关键部位使用的聚合材料需要较高的 UL 阻燃等级。

③ 耐潮湿要求存在较大差异

美国家庭中的大多数储水式热水器容积偏大，会占据较大的空间。使用者会将该器具安装在与洗浴场所分开的空间内，例如：地下室或独立的隔间。安装环境比较干燥通风。而在中国，多数储水式热水器的容积在 40～100L，占据空间较小，使用者会选择将器具安装在洗浴环境中，这样会更加节能，减少管路长导致的热量散发。器具长期处于高温高湿，通风不良好的环境中。由于以上的安装习惯的差异，导致器具在耐潮湿要求上存在差异。美国安全标准的耐潮湿要求较低，允许 IPX0。中国的要求相对较高，要求 IPX4。所以对于耐潮湿的要求，中国标准严于美国标准。

另外，由于安装习惯的差异，使得美国在使用器具时，对器具本身的操作频率较低。而中国，使用者经常触及器具，存在误操作的可能。所以中国标准中对结构上要求器具被排空时需要通过工具进行操作，以防止器具被无意间排空造成干烧危险。而美国标准无此项要求。

④ 对接地系统异常的保护要求存在差异

在中国部分欠发达的地区，例如农村、山区等，建筑房屋的用电环境相对恶劣，会存在房屋接地系统缺失、虚接、线径不足、阻值过大等现象，甚至会出现接地系统带电的情况。在这样的用电环境中使用 I 类器具，实际上都处于 0 类器具的状态，一旦发生漏电，将会出现人身事故。而储水式热水器长期处于潮湿的使用环境中，并且使用者与可能带电的器具的接触过于密切。导致这样的事故多出现在储水式热水器上，而在其他器具上少有。而在美国的居住环境中，房屋的接地系统比较完善，基础设施比较发达，很少存在接地系统异常的情况。出于以上的差异特点，中国的安全标准中增加附录 AA：对在接地系统异常时提供应急防护措施的 I 类热水器的附加要求。该要求有效的保证了在“接地系统异常”发生时，不会导致使用者触电，并且器具报警，提醒使用者停止使用，断开电源，等待维修。

值得注意的是，该安全要求是有条件的要求，即若制造商声明自己的产品具有“在接地系统异常时提供应急防护措施”时，其产品在满足标准正文要求的同时，还要满足附录 AA 的要求。此类产品可以使用在存在接地系统隐患的环境中。否则附录 AA 不适用，只要其符合标准正文要求，器具仍然是安全的产品。此类产品必须用在接地系统完善完整的环境中。所以对于器具结构的要求，中国标准严于美国标准。

（2）结论和建议

GB 4706.12 安全标准正在修订中，本次修订修改采用了 IEC 60335-2-21:2012（Ed6.0）+ CORRIGENDUM 1：2013《家用和类似用途电器的安全　第 2-21 部分：储水式热水器的特殊要求》。本标准修订后，在与 IEC 最新版保持同等安全水平要求的基础上，增加了中国的国家差异。此标准将更适合中国的使用环境和区域特点。虽然与美国标准存在一定的差异，但是差异点主要是以下三方面原因所致：一是由于国家之间存在各自的特征；二是在要求技术相同的情况下，用不同的试验方法考核；三是标准结构不同，故无需参考美国 UL 标准修改我国标准。

2.6　制冷器具

制冷器具的各国和地区安全标准主要为：

IEC：IEC 60335-2-24

欧盟：EN 60335-2-24

美国：UL 60335-2-24

日本：JIS C 9335-2-24

韩国：KS C IEC 60335-2-24

澳新：AS/NZS 60335.2.24

中国：GB 4706. 13

制冷器具安全标准各国和地区均采用 IEC 标准。其中，我国标准现行版本 GB 4706.13—2008《家用和类似用途电器的安全　制冷器具、冰激淋机和制冰机的特殊要求》，等同采用 IEC 60335-2-24：2007。GB 4706.13—2014 已于 2014 年底批准发布，将于 2016 年 1 月 1 日开始实施，其等同采用 IEC 60335-2-24：2012。GB 4706.13 标准对比见附表 15。

（1）主要差异总结

我国冰箱等制冷产品的现行安全标准为 GB 4706.13—2008，该标准等同采用 IEC 60335-2-24：2007。目前，IEC 标准的最新版本为 IEC 60335-2-24：2012。GB 4706.13—2008 与 IEC 最新版本的主要差异体现为：

IEC 标准中增加了跨临界系统的相关定义，对使用跨临界系统的产品增加了高压警示语及警示标志。对于充注可燃制冷剂的产品增加了对于铝制系统管路的纯度要求。提升了对内部布线的耐久性要求。

上述 IEC 标准中的差异均严于国标，为 IEC 新版标准中提出的要求，主要针对跨临界制冷系统、可燃制冷剂提出。跨临界制冷系统主要特点是压力高，因此标准中增加了对于压力的警示标志。可燃制冷剂的安全隐患主要是产生泄漏后有可能发生起火或爆炸，因此对于材料的耐腐蚀性要进行规定，针对目前产品中使用的铝制管路，纯度不够的话很容易发生腐蚀，因此标准中对于铝的纯度进行了规定。

即将实施的 GB 4706.13—2014 主要与日本标准有差异：包括日本标准增加了日本特有的灯座的一些试验；对密封玻璃管加热其要求的温度不同。

（2）结论和建议

针对目前我国现行标准与 IEC 标准存在的差异，我们已经对标准进行了修订，并依据 IEC 标准最新版本进行转化，消除了差异，使我国生产的电冰箱产品在出口过程中减少标准带来的阻碍。对于即将实施的国标与日本标准的差异，主要是两国用电环境的差异，在标准修订过程中已经对此部分内容依据我国国情进行处理。

2.7 液体加热器（电压力锅）

液体加热器的各国和地区安全标准主要为：

IEC：IEC 60335-2-15

欧盟：EN 60335-2-15

美国：UL 1026

日本：JIS C 9335-2-15

韩国：KS C IEC 60335-2-15

澳新：AS/NZS 60335.2.15

中国：GB 4706. 19

液体加热器（电压力锅）产品安全标准除美国外，其他国家和地区分别采用 IEC 标准。该产品主要面向于亚洲人的饮食习惯。我国和日本使用较多。附表 16 主要针对我国标准 GB 4706.19—2008《家用和类似用途电器的安全　液体加热器的特殊要求》和日本标准进行了对比。

（1）主要差异总结

近年来，随着液体加热器（电压力锅）市场的快速发展，液体加热器（电压力锅）的安全问题，特别是压力安全问题得到人们的普遍关注。电压力锅国际安全标准为 IEC 60335-2-15《家用和类似用途电器的安全　第 2-15 部分　液体加热器的特殊要求》；欧盟标准为 EN 60335-2-15《家用和类似用途电器的安全　第 2-15 部分　液体加热器的特殊要求》；美国标准为 UL 1026《家用烹饪和食物加工器具》；日本的 JIS C 9335-2-15《家用和类似用途电器的安全　第 2-15 部分　液体加热器的特殊要求》修改采用 IEC60335-2-15，仅在具体的产品种类上做出了修改；无论是 IEC 标准、EN 标准、还是 UL 标准，尽管测试方法有所不同，但其针对的产品主要是刚性结构产品，其目的都是通过提高压力锅的机械强度来确保泄压阀失效时的使用安全。而对于具有弹性结构的产品则不适用。因此，我国于 2010 年 10 月向 IEC 提出国际标准修订提案，2012 年提案写入新版国际标准［IEC 60335-2-15: 2012（Ed6.0）］并发布。

目前，我国安全标准 GB4706.19 等同采用最新版 IEC 标准 60335-2-15: 2012（Ed6.0），在最新版 IEC 标准的 19.4 非正常测试条件中，考虑到器具排汽通道可能被食物堵塞，将所有的排汽通道均设置为不工作状态。并在 19.13 中，对非正常工作的压力防护的动作压力进行要求。在 22.7 中，规定器具的结构强度，在非正常工作时，有效压力防护基础上，增加安全余量，非弹性压力锅的余量为 19.4 试验过程中压力释放装置动作时压力的 2 倍，弹性压力锅的余量为 19.4 试验过程中压力释放装置或预置薄弱零件动作时的压力值加 50kPa。

（2）结论和建议

GB 4706.19 安全标准正在修订中，本次修订修改采用了 IEC 60335-2-15: 2012（Ed6.0）《家用和类似用途电器的安全　第 2-15 部分：液体加热器的特殊要求》。本标准修订后，在器具技术完整性、防堵安全性、异常压力安全防护、产品强度要求等方面均优于 UL 标准。

2.8　微波炉

微波炉的各国和地区安全标准主要为：

IEC：IEC 60335-2-25

欧盟：EN 60335-2-25

美国：UL 923

日本：JIS C 9335-2-25

韩国：KS C IEC 60335-2-25

澳新：AS/NZS 60335.2.25

中国：GB 4706. 21

除美国之外，其他国家和地区的微波炉安全标准均采用 IEC 标准。GB 4706.21《家用和类似用途电器的安全　微波炉，包括组合型微波炉的特殊要求》标准对比见附表 17。

（1）主要差异总结

我国的微波炉安全标准为：GB 4706.21—2008《家用和类似用途电器的安全　微波炉，包括组合型微波炉的特殊要求》。本标准等同采用 IEC 60335-2-25：2006，与 GB 4706.1—2005 配合使用。美国的微波炉安全标准为：UL923:2010 UL Standard for Safety for Microwave Cooking Appliances。该标准为关于微波炉安全要求的独立标准，其中包含了该产品的所有安全条款。

对比两国的安全要求，主要差异如下：

① 防火、耐燃要求不同

在美国，家庭式的住宅都是木质材料，尤其是厨房的橱柜及装饰材料。这样对于器具的安全使用来说，防止火灾发生的要求就比较高。使用在器具上的非金属材料必须符合UL746的标准，相关材料必须具有UL黄卡号，并在UL网站上公布其材料的相关信息，采购商在器具上使用的材料必须符合整机机构上对材料的使用要求。并且整机测试过程中，相关部件温度不能够超过UL黄卡号上的标称值，以保证器具使用安全，防止发生火灾。

在GB 4706.21的标准体系中，非金属材料主要是随整机进行第30章的测试，测试方法和结果的判断是与UL 标准体系完全不同。从测试仪器，考核指数等也不同。

② 内部布线要求不同

微波炉的产品一般为I类器具，器具会有L/N，PE三线，但是在美国，美国的电网是N和PE是连接在一起的，因此器具的内部布线需要考虑一旦内部布线脱离与PE接触，微波炉就有可能在炉门开门的情况下工作并导致危险。而中国的用电环境中，PE线与L/N独立分开，因此在器具的内部布线上就会出现不同的要求。

③ 微波泄漏存在差异

微波炉泄漏，在正常使用中，在美国，微波泄漏不超过 $10W/m^2$，在中国，微波泄漏不超过 $50W/m^2$。在美国除产品需要符合UL923的测试标准外，还需要满足FDA的要求。

④ 电气间隙和爬电距离存在较大差异

我国标准基于交流电压在220～240V的电器，对器具防触电保护的设计要求较高，即对材料和结构的电气绝缘性能和电气间隙的规定较严格。GB 4706.21对器具要求电气间隙和爬电距离要求比UL923严格，需要根据不同的电压和绝缘等级进行判断。

美国电器电压为110～120V，所以UL 923对器具的电气间隙要求不严格，基本只有1.6mm和距离外壳6.3mm，没有爬电距离的概念。

⑤电气强度试验存在差异

如上一点所述：我国标准基于交流电压在220～240V的电器，而美国电器电压为110～120V，加上其房屋结构多为木质。所以，对绝缘材料的电气强度要求存在较大差异，UL 923只要1000V的耐压；GB 4706.21需要根据不同绝缘等级来选择电压测试，基本绝缘为1250V，附加绝缘为1750V，加强绝缘为3000V。

（2）结论和建议

GB 4706.21安全标准已经进入修订的尾声，本次修订等同采用了IEC 60335-2-25:2010 IEC 60335-2-25:2010（第6.0版）《家用和类似用途电器安全　第2-25部分：微波炉，包括组合型微波炉的特殊要求》。本标准修订后，将与IEC最新版标准保持同等安全水平。此标准将更适合中国的使用环境和区域特点。虽然与美国标准存在一定的差异，但是差异点主要是以下三方面原因所致：

——由于国家之间存在各自的使用环境特征；

——在要求技术相同的情况下，用不同的试验方法考核；

——标准结构不同。

故无需参考美国 UL 标准修改我国标准。

2.9　室内加热器

室内加热器的各国和地区安全标准主要为：

IEC：IEC 60335-2-30

欧盟：EN 60335-2-30

美国：UL 1278

日本：JIS C 9335-2-30

韩国：KS C IEC 60335-2-30

澳新：AS/NZS 60335.2.30

中国：GB 4706. 23

GB 4706.23《家用和类似用途电器的安全　第 2 部分：室内加热器的特殊要求》标准对比见附表 18。

我国室内加热器标准的现行版本 GB 4706.23—2007 等同采用 IEC 60335-2-30：2004。目前该标准正在修订中，本次修订将采用 IEC 最新版本 IEC 60335-2-30 Ed.5.0:2009。

2.10　洗衣机及离心式脱水机

洗衣机及离心式脱水机的各国和地区安全标准主要为：

IEC：IEC 60335-2-7；IEC 60335-2-4

欧盟：EN 60335-2-7；EN 60335-2-4

美国：UL 2157

日本：JIS C 9335-2-7；JIS C 9335-2-4

韩国：KS C IEC 60335-2-7；KS C IEC 60335-2-4

澳新：AS/NZS 60335.2.7；AS/NZS 60335.2.4

中国：GB 4706. 24；GB 4706.26

除美国之外，其他国家和地区的洗衣机安全标准均采用 IEC 标准。GB 4706.24《家用和类似用途电器的安全　洗衣机的特殊要求》、GB 4706.26《家用和类似用途电器的安全　离心式脱水机的特殊要求》与美国标准 UL 2157 的对比见附表 19 和 21。

（1）主要差异总结

我国洗衣机、离心式脱水机的安全标准现行版本 GB 4706.24—2008 和 GB 4706.26—2008 分别修改采用 IEC 60335-2-8：2008（Ed7.0）和等同采用 IEC 60335-2-4：2006（Ed5.2），对应的美国标准为 UL 2157《电动洗衣机和脱水机》。二者的差异主要体现为：

① 结构差异

美国现行洗衣机 UL 安全标准与我国现行标准在标准结构及内容上具有较大差异，比如：6.1 条款中，国标的定义为Ⅰ类、Ⅱ类或Ⅲ类器具，但是在美国的国家标准中，0I 类器具是被允许使用的；6.2 条款中，美国允许防水等级为 0 的器具。

② 判定方法不同

UL 标准以产品机构确定其安全性；IEC 及国标以具体安全条款的指标确定。

国标对于具体产品的特殊安全要求需要和通用安全要求结合在一起使用，而 UL 标准体系是一种产品对应一个标准；UL 标准是结构在先、性能测试方法在后，结构和零部件是保证安全的关键，而试验结果是验证结构的设计和零部件的选用是否合理的依据，国标则按照可能影响产品安全性能的各个方面就结构需达到的要求和验证用的测试方法合并使用。

③ 防触电保护和防火的要求不同

国标基于交流电压在 220～240V 的电器，对器具防触电保护的设计要求较高，即对材料和结构的电气绝缘性能和电气间隙的规定较严格。而美国电器电压为 110～120V，加上其房屋结构多为木质，因此 UL 标准在防火方面的要求相对较严格，对材料阻燃性要求更高，产品上关键部位使用的聚合材料需要较高的 UL 阻燃等级。

④ 负载差异

3.19 使用不同面积的布料。对于不带加热元件和绞拧机的器具，初始水温为 71℃。

以上两点主要差异导致了我国安全标准第 11 章、第 15 章和第 22 章与美国 UL 标准中一些对应试验不同。

（2）结论和建议

目前，4706.24—2008 版标准正在修订中，该版本修改采用（MOD）IEC 60335-2-7:2012，其中，针对 3.1.9 中的水温进行了调整。修改的原因主要基于：欧洲市场主要以滚筒洗衣机为主，其标准主要针对滚筒洗衣机及部分全自动波轮式洗衣机，几乎没有普通型双桶洗衣机，其标准也未考虑到此类洗衣机的情况。而在我国，双桶洗衣机占有很大一部分比例，针对此类国情，在标准制修订过程中考虑到双桶机自动化程度不高、结构较为简单的情况，故一直使用 50℃±5℃作为正常工作状态。标准修订后，仍修改采用 IEC 最新版本。

2.11 洗碗机

洗碗机的各国和地区安全标准主要为：

IEC：IEC 60335-2-5

欧盟：EN 60335-2-5

美国：UL 749

日本：JIS C 9335-2-5

韩国：KS C IEC 60335-2-5

澳新：AS/NZS 60335.2.5

中国：GB 4706. 25

GB 4706.25《家用和类似用途电器的安全　洗碗机的特殊要求》标准对比见附表 20。

我国洗碗机标准现行版本 GB 4706.25—2008 等同采用 IEC 60335-2-5：2005，目前该标准正在修订中，本次修订采用的是 IEC 60335-2-5:2012。

2.12　吸油烟机

吸油烟机的各国和地区安全标准主要为：

IEC：IEC 60335-2-31

欧盟：EN 60335-2-31

美国：UL 749

日本：JIS C 9335-2-31

韩国：KS C IEC 60335-2-31

澳新：AS/NZS 60335.2.31

中国：GB 4706. 28

GB 4706.28—2008《家用和类似用途电器的安全　吸油烟机的特殊要求》标准对比见附表 22。

其中与欧盟、美国标准存在差异。

我国吸油烟机标准现行版本 GB4706.28—2008 等同采用 IEC 60335-2-31：2006，目前，该标准正在修订中，本次修订将等同采用 IEC 60335-2-31:2012（Ed5.0）《家用和类似用途电器的安全　第 2-31 部分：吸油烟机及其他烹饪烟气吸排装置的特殊要求》。

2.13　桑拿浴加热器具

桑拿浴加热器具的各国和地区安全标准主要为：

IEC：IEC 60335-2-53

欧盟：EN 60335-2-53

美国：UL 875

日本：J 60335-2-53

韩国：KS C IEC 60335-2-53

澳新：AS/NZS 60335.2.53

中国：GB 4706. 31

GB 4706.31《家用和类似用途电器的安全　桑拿浴加热器具的特殊要求》标准对比见附表 23。

（1）主要差异总结

① 范围

——额定输入功率不超过 20kW，单相器具额定电压不超过 250V，其他器具额定电压不超过 480V 的电桑拿浴加热电器具的安全（2008-GB）。

——额定输入功率不超过 20kW，单相器具额定电压不超过 250V，其他器具额定电压不超过 480V 的电桑拿浴加热电器具和红外发射单元的安全（2011-IEC）。

② 分类

——器具应是 I 类、II 类或III类（2008-GB）。

——允许 0 I 类器具（日本）。

——对红外加热室内的红外发射器无防水要求（2008-GB）。

——打算安装在发热室内的红外线发射器、控制器和保护装置应至少为 IPX2（2011-IEC）。

③ 标志和说明

——未涉及对红外发射器的要求（2008-GB）。

——对红外发热器的使用说明、警告标志等进行了规定（2011-IEC）。

④ 发热

——无对加热器金属保护装置温升要求（2008-GB）。

——出风口栅栏或安装在凹槽中加热器保护装置，如果是金属的，温升不应超过 130K（2011-IEC）。

——不测量桑拿浴加热器前面的温升（美国）。

——发热器金属表面温度不许超过 150℃（美国）。

⑤ 泄漏电流

——0.75mA。

——只有带电源软线的桑拿浴加热器才要求泄漏电流试验（美国）。

⑥ 非正常工作

——140K（2008-GB）。

——增加：A 用于安装在凹槽中的桑拿浴加热器和墙壁有出风口的桑拿房也要进行 19.102 的试验。B 红外线发射器也进行 19.103 的试验（2011-IEC）。

——本试验不适用（美国）。

⑦ 结构

——未涉及对红外发射单元、电子电路、带电部件的热冲击试验的要求（2008-GB）。

——红外线发射单元应装有符合 24.3 要求的可全极断开的开关；红外线发射单元加热灯的灯座的绝缘部件应是陶瓷（2011-IEC）。

——如果合规性依赖于电子电路的操作，则器具需进一步试验（2011-IEC）。

——带电部件直接接触的玻璃、陶瓷或类似材料制成的面板是可触及的部件，应能承受热冲击（2011-IEC）。

⑧ 元件

——未涉及对红外发射器的要求（2008-GB）。

——对于红外线发射器，热断路器可以是自复位式的（2011-IEC）。

⑨ 辐射、毒性和类似危险

——未涉及红外线辐射的要求（2008-GB）。

——预制红外线房中的红外线发射器不应该放射出有害数量的辐射。通过附录 BB 中规定测量确定其是否合格（2011-IEC）。

在预制式红外线舱的可用区域中的任何一点测量得到的辐射照度不应超过 1000W/m^2（2011-IEC）。

差异评估及原因：

——相对于其他国家的差异，一方面是由于国家间不同的用电环境而存在，美日的

110V 电压与我国和欧洲的 220V 电压的环境，对于器具的防护要求侧重点是不同的，如美国 UL 比较强调安装防护栏；而 IEC 侧重器具本身的安全防护。另外，美国 UL 标准对每类器件均设单独要求，其标准构架与 IEC 完全不同。

——相对于我国现行标准与 IEC 的差异，主要原因在于新旧版本的差异。

（2）结论和建议

我国目前现行对电桑拿浴加热器的安全标准 GB 4706.31—2008 等同采用 IEC 60335-2-53：2007（Ed3.1）。目前，IEC 60335-2-53：2011《家用和类似用途电器的安全第 2-53 部分：桑拿浴加热器具和红外加热室的特殊要求》标准已经出版，其中，与之前的版本最大的修改就是增加了针对红外发射单元的要求。因此，修订 GB 4706.31—2008《家用和类似用途电器的安全　桑拿浴加热器具的特殊要求》后并及时发布，即可解决国标与 IEC 标准的差异问题。

2.14　房间空调器

房间空调器的各国和地区安全标准主要为：

IEC：IEC 60335-2-40

欧盟：EN 60335-2-40

美国：UL 60335-2-40

日本：J 60335-2-40

韩国：KS C IEC 60335-2-40

澳新：AS/NZS 60335.2.40

中国：GB 4706. 32

空调器安全标准各国和地区均采用 IEC 标准。其中，我国标准现行版本 GB 4706.32—2012《家用和类似用途电器的安全　热泵、空调器和除湿机的特殊要求》等同采用 IEC 60335-2-40:2005。目前，IEC 已有新版本 IEC 60335-2-40 Ed5.0：2013 发布。GB 4706.32—2012 与 IEC 最新版本的比对见附表 24。

（1）主要差异总结

① IEC 标准中，增加了可燃制冷剂系统的相关定义，限定了制冷管路的最小长度，增加了可燃制冷剂系统的防振要求及试验方法，放宽了工厂密封器具独立封装单元的充注限值要求。

② 欧盟标准中，提升了试验箱木制壁板的温度限值要求。

③ 日本标准中，产品分类中增加了 0 Ⅰ 类器具。

④ 差异评估及原因

对于制冷管路长度，国标中仅规定了最大长度，IEC 标准进一步将最小长度也做出了限定，进一步规范了试验条件。

为防止可燃制冷剂在运输过程中由于振动产生泄漏，IEC 标准中增加了对于空调器产品相应的防振要求并明确了试验方法。

对于工厂密封器具独立封装单元，由于这一类型产品结构以及生产工艺相比其他空调器而言，大大降低了制冷剂泄漏的可能性，因此对其提出较为宽松的要求。

（2）结论和建议

我国家用空调器安全标准一直以来都是等同采用 IEC 标准。对于目前存在的差异，建议继续保持等同采用的原则，将 IEC 标准最新版本进行转化，即可消除这些差异，及时同国际接轨，减少我国空调器产品在出口过程中标准带来的阻碍。

2.15 空气净化器

空气净化器的各国和地区安全标准主要为：

IEC：IEC 60335-2-65

欧盟：EN 60335-2-65

美国：UL 867

日本：J 60335-2-65

韩国：KS C IEC 60335-2-65

澳新：AS/NZS 60335.2.65

中国：GB 4706. 45

除美国外，其他国家和地区的空气净化器安全标准均采用 IEC 标准。我国标准 GB 4706.45《家用和类似用途电器的安全　空气净化器的特殊要求》与美国标准 UL 867《静电式空气净化器》的对比见附表 25。

（1）主要差异总结

我国标准 GB 4706.45—2008 等同采用 IEC 60335-2-65:2005（Ed2.0），与 GB 4706.1—2005 配合使用；

美国标准 UL 867 与 IEC 标准的主要差异体现为：

① 8.1.4 测量方法和最大放电能量不同。

② 16.101 试验不同。

③ 22.101 不进行本试验（宽于国标）。

④ 24.101 接触分离无需符合 IEC 61058-1（宽于国标）。

⑤ 32 章试验仅适用于便携式器具（宽于国标）。

（2）结论和建议

目前 GB 4706.45 正在修订中，将等同采用 IEC 60335-2-65:2015，修订后，将与 IEC 标准最新版本保持一致。

2.16 加湿器

加湿器的各国和地区安全标准主要为：

IEC：IEC 60335-2-98

欧盟：EN 60335-2-98

美国：UL 998

日本：J 60335-2-98

韩国：KS C IEC 60335-2-98

澳新：AS/NZS 60335.2.98

中国：GB 4706. 48

除美国外，其他国家和地区的加湿器安全标准均采用 IEC 标准。我国标准 GB 4706.48—2009《家用和类似用途电器的安全 加湿器的特殊要求》与美国标准 UL 998《加湿器》的对比见附表 26。

（1）主要差异总结

我国加湿器安全标准现行标准 GB 4706.48—2009 等同采用 IEC 60335-2-98:2005（Ed2.0）。与国外标准的差异主要体现为针对 24.101 章节，UL 998 规定该要求不适用。主要原因基于 UL 标准中针对元件，要求和本国的相关标准项匹配和一致。

（2）结论和建议

目前，GB 4706.48 正在修订中，该次将采用 IEC 的最新版本 IEC 60335-2-98: Ed 2.2:2008。修订后，将与 IEC 标准的最新版本保持一致。

2.17 坐便器

坐便器的各国和地区安全标准主要为：

IEC：IEC 60335-2-84

欧盟：EN 60335-2-84

日本：JIS 9335-2-84

韩国：KS C IEC 60335-2-84

澳新：AS/NZS 60335.2.84

中国：GB 4706. 53

坐便器安全标准目前各国和地区主要采用 IEC 标准。其中，日本坐便器产品产量较多，且与 IEC 标准国家差异较大。GB 4706.53《家用和类似用途电器的安全 坐便器的特殊要求》标准与 JIS 9335-2-84 对比见附表 27。

（1）主要差异总结

我国坐便器产品的安全要求 GB 4706.53—2008 等同采用/IEC 60335-2-84：2005（Ed2.0），日本标准 JIS C 9335-2-84:2011 修改采用 IEC 60335-2-84：2005（Ed2.0）。日本标准与 IEC 标准的主要差异：

① 适用范围

IEC 标准适用范围包括存储、干燥或销毁方式处理人体排泄物的电子坐便器为主，同时也适用于冲洗组件、加热坐垫等。在日本，冲洗组件、加热坐垫是在厕所中使用的主流的电气产品。IEC 规定的电子坐便器并没有普及，所以对适用范围的顺序进行了调整。JIS 标准主要适用于冲洗组件、加热坐垫等，同时也适用于存储、干燥或销毁方式处理人体排泄物的电子坐便盖。

② 术语和定义

JIS 标准增加了老年人坐便器和加热坐垫的定义，同时增加了老年人用坐便器的稳定性试验。

③ 分类

JIS 标准允许浴室以外场所设置的便座，防水等级为 3 级即可；IEC 60335-2-84 要求坐便器的防水等级满足 4 级。

④ 发热

IEC 标准规定冲洗组件运行 2min，除非冲洗自动停止。其他坐便器运行至稳定状态为止；JIS 标准修正了不会自动停止冲洗的冲洗组件的试验时间。同时，干燥机能的试验时间也进行了修正。具体如下：产品运转直至达到稳定状态，或者运行 20 个周期，取其中的时间较短者。每个周期如下：

——冲洗组件运行到水流自动停止，或者 30s 取其中时间较短者；

——有干燥机能的产品，运行到干燥机能自动停止或 1min 取其中时间较短者。

⑤ 泄漏电流

IEC 仅对裸露加热元件有要求；JIS 标准增加除了裸露加热元件外，对于通过导电性液体与人体接触的仅有一层绝缘的没有进行接地连接的温水加热器的 0 I 类器具或 I 类器具，在 500Ω·cm 的电阻率的水中进行试验。

⑥ 机械强度

IEC 标准要求要能承受 250N 的力，持续时间为 1min；JIS 标准允许冲洗组件和加热坐垫满足下述要求即可：便座逆荷重为 150N。对安装在便器上或与便器一体的冲洗便座，也适用 150N，便盖开合角度在 120°以内。如果可拆卸部件被分开了，可以停止施加力。

⑦ 接地连接方法

JIS 标准增加对于通过导电性液体与人体接触的仅有一层绝缘的没有进行接地连接的温水加热器的 0 I 类器具或 I 类器具，要与裸露加热元件同等的方式进行接地连接。

二者产生差异的主要原因是日本坐便器产品的种类和功能较多，导致其在术语和定义、发热、干燥、泄漏电流、机械强度和接地连接等方面的要求与国际标准有所不同。

（2）结论和建议

上述分析可以看出，在产品安全方面，我国坐便器产品的安全指标在总体上与日本产品的要求差异并不大，只在一些种类、功能及相应试验方法上有所不同。对此，从标准角度提出以下建议：

① 标准制修订建议

目前，我国坐便器的现行标准 GB 4706. 53—2008 等同采用 IEC 60335-2-84：2005。IEC 已于 2013 年 12 月发布新版本 IEC 60335-2-84 am2 Ed.2.0，建议尽快转化 IEC 最新版标准，以及时同国际接轨，为我国产品出口创造便利条件。

② 提高国家标准的宣传力度

“到日本买马桶盖”现象背后，隐藏的是国人对电子坐便器的巨大消费需求，同时也凸显出国人对于国产电子坐便器及行业标准的不熟悉与不信任。电子坐便器在我国有 20 多年的历史，虽然电子坐便器在我国普及率还不是很高，但是我国的标准水平和要求来讲并不低。从安全标准来讲，我国和日本都是等同采用国际 IEC 标准，只不过性能标准各有侧重。所以建议国家标准管理部门、行业机构和企业能够联动起来，扩大电子坐便器产品的宣传力度，提升消费市场对产品的认知度和好感度，促进整个行业的健康发展。

第3章 结论建议

1 标准对比分析结果

通过上述对 IEC、欧盟、美国、日韩、澳新及我国家用电器安全通用要求及特定具体产品特殊要求共计近百项标准的对比研究，可以发现：

（1）安全标准主要体现为 IEC 和 UL 两大体系的差异

国际电工委员会 IEC 的家电标准源于欧洲工业化标准组织制定的的相关标准。由于早期工业化国家在电器产品领域积累了相当丰富的经验，并取得了大量的验证数据，尤其是在电器的基本安全性能方面，因此 IEC 60335 系列标准具有科学严谨、成体系、使用方便等特点，被大多数国家所采用。

相对于 IEC 国际标准来说，美国 UL 安全标准自成体系，无论从标准文本结构，还是主要技术内容，与 IEC 标准都有较大差异。IEC 标准以具体安全条款的指标确定产品的安全性，UL 标准以产品结构确定产品安全性。

但是近年来，UL 标准也呈现出向 IEC 标准靠拢的趋势。

（2）采用 IEC 标准时存在国家差异

欧盟、日本、韩国、澳新及我国的家用电器安全标准主要以采用 IEC 60335 系列标准为主，采标时有些标准为等同采用，有些为修改采用，存在国家差异的原因大致主要基于以下原因：

——与国内法规、已有标准保持一致性；

——使用环境差异（用电/用水环境、地理/气候等）；

——已有经过验证的安全实践；

——基于产品特性或差异。

（3）我国安全标准特点

第一，从覆盖范围上看，我国家电安全 GB 4706 系列标准基本涵盖到了市场中现有的家电产品。

第二，就标准技术内容，GB 4706 系列标准以采用 IEC 标准为主，无论是产品安全要求应达到的限值水平，还是测试方法，同国际标准水平保持了一致。

第三，就标准时效性，GB 4706.1《家用和类似用途电器的安全 第 1 部分：通用要求》作为保障所有家电产品安全的基础标准，目前其版本平均更新周期大约为 7～8 年，基本接近 IEC 60335.1 大版本的更新周期，而滞后于 IEC 小版本的更新速度（3～4 年），标准时效性有待提高。

第四，就国家差异，目前我国采用国际标准以等同采用为主。近年来，随着我国家电制造技术、产品和市场的不断发展、成熟，在采标的基础上结合我国用电环境特点，提出了部分国家差异，以保证电器产品在我国的安全使用。同时，还结合我国的技术创新和产品创新，不断提出国际标准制修订提案，以国际标准化工作来增强我国产品在国际市场中的话语权和竞争力，以标准化手段推动实现我国产业利益最大化。

2 相关建议

（1）加快标准化领域的法制建设，探索更加合理的产品安全监管制度

WTO/TBT 协定明确规定了技术法规、标准和合格评定程序三者之间的关系及制定、采用和实施的五项原则。欧、美、日等国家和地区充分利用国际规则制定和完善其技术法规体系，通过符合或表面符合的技术法规体系制造贸易壁垒，保护本国和本地区的产业及经济利益。在当前全球化进程加快，世界贸易竞争格局加剧演变的趋势下，应加快我国标准化领域的法制建设，结合我国改革的进程和步骤，不断完善技术法规、标准和合格评定程序体系建设，使之运行更具科学性和系统性，使标准化工作成为推动国民经济结构转变，促进产业转型升级，增强我国产品国际竞争力的重要推手。

（2）加强家电产品安全配套性管理措施及标准的制定和完善

从发达国家的做法和经验来看，技术法规在产品质量安全管理中主要发挥着规范制造商及相关方的行为，明确各自的职责和义务，使产品具有更好的符合性和保障市场、保障消费者的作用。其重点是提出目标、达到目标的要求及对应的管理措施，其中在要求方面会涉及一些技术内容，但突出的是“管理”的职能和作用；而技术标准主要是针对产品特性提出的指标要求和测试方法，突出的是技术内容。针对目前我国强制性产品标准具有技术法规效力，以及产品标准主要涉及技术内容的状况，建议结合产品特点和产业发展状况及市场和产品监管中发现的重点问题，加强和完善管理措施方面标准和制度（如产品标识制度、检查制度等配套管理措施）的制定，实现管理措施和技术要求的有效整合和衔接，引导制造商等相关方提高对产品安全基础要求的认识，促进相关方提高对原材料、元器件、整机设计的整体检测评价和质量控制的意识和能力，共同构筑起产品质量安全的保护屏障。

（3）加强标准的执行和实施力度

在现阶段家电安全标准技术内容同国际接轨的状况下，一方面应加强标准宣贯和推广力度，保证相关方对标准的正确理解、使用和贯彻实施，提升制造企业对产品质量的控制能力；同时各级产品质量及市场监管管理部门应加强对家电产品的监督管理，对市场准入、产品质量等严格把关，严格执法，着力促使企业提高执行标准、控制产品质量的意识和能力，促进加快建立家电行业企业在产品宣传上实事求是，对产品质量和售后服务承诺的守法诚信体系，提升行业企业的整体社会责任，促进由家电制造大国向强国的转变。

（4）缩短重要标准的制修订周期

针对 GB 4706 系列安全标准等重要标准，在标准复审、立项审批上给予更灵活和优惠的政策，减少层级过多，时间冗长等问题，提高同国际标准版本接轨的时效性，缩短同 IEC 小版本更新周期的差距，为我国产品出口创造便利条件，减少不必要的障碍

和损失。

（5）加强对国际/国外标准的跟踪研究力度

加强对国际/国外标准的跟踪研究和评估投入力度。一方面，及时了解和掌握国际/国外标准中的先进技术，在吸收、消化的基础上，力争改进和创新；另一方面，针对国际标准的空白、不足，结合我国的生产实践经验及技术和产品创新，在使用环境（如高海拔、高温高湿的地理气候环境、用电环境等）差异、新产品、新方法等领域，提出国际标准制修订提案，在国际标准中更多地体现我国的意志和利益，提升我国家电产业国际竞争力。

（6）标准制修订计划

通过对上述相关标准的比对分析及 IEC 60335 系列标准的最新版本查新，急需制修订的标准项目建议见表 3-1：

表 3-1　标准制修订项目汇总

序号	标准名称	现行标准采标情况		最新 IEC 标准	
		标准编号	现行标准采用 IEC 版本	最新 IEC 标准	发布日期
1	家用和类似用途电器的安全　热泵、空调器和除湿机的特殊要求	GB 4706.32—2012	IEC 60335-2-40:2005	IEC 60335-2-40 Ed. 5.0	2013-12-03
2	家用和类似用途电器的安全　带嵌装或远置式制冷剂冷凝装置或压缩机的商用制冷器具的特殊要求	GB 4706.102—2010	IEC 60335-2-89:2007	IEC 60335-2-89 am2 Ed. 2.0	2015-05-12
3	家用和类似用途电器的安全　衣物干燥机和毛巾架的特殊要求	GB 4706.60—2008	IEC 60335-2-43:2005	IEC 60335-2-43 Ed. 3.2	2008-09-09
4	家用和类似用途电器的安全　商用电动洗碗机的特殊要求	GB 4706.50—2008	IEC 60335-2-58:2002	IEC 60335-2-58 am2 Ed. 3.0	2015-04-22
5	家用和类似用途电器的安全　真空吸尘器和吸水式清洁器具的特殊要求	GB 4706.7—2014	IEC 60335-2-2:2009	IEC 60335-2-2 am1 Ed. 6.0	2012-11-15
6	家用和类似用途电器的安全　坐便器的特殊要求	GB 4706.53—2008	IEC 60335-2-84:2005	IEC 60335-2-84 am2 Ed. 2.0	2013-12-12
7	家用和类似用途电器的安全　涡流浴缸和涡流水疗器具的特殊要求	GB 4706.73—2008	IEC 60335-2-60:2005	IEC 60335-2-60 Ed. 3.2	2008-09-19
8	家用和类似用途电器的安全　废弃食物处理器的特殊要求	GB 4706.49—2008	IEC 60335-2-16:2005	IEC 60335-2-16 Ed. 5.2	2012-01-30

表 3-1（续）

序号	标准名称	现行标准采标情况		最新 IEC 标准	
		标准编号	现行标准采用 IEC 版本	最新 IEC 标准	发布日期
9	家用和类似用途电器的安全　保温板和类似器具的特殊要求	GB 4706.55—2008	IEC 60335-2-12:2005	IEC 60335-2-12 Ed. 5.1	2008-07-15
10	家用和类似用途电器的安全　固定浸入式加热器的特殊要求	GB 4706.75—2008	IEC 60335-2-73:2002	IEC 60335-2-73 Ed. 2.2	2009-11-25
11	家用和类似用途电器的安全　便携浸入式加热器的特殊要求	GB 4706.77—2008	IEC 60335-2-74:2006	IEC 60335-2-74 Ed. 2.2	2009-11-25
12	家用和类似用途电器的安全　带有气体连接的使用燃气、燃油和固体燃料器具的特殊要求	GB 4706.94—2008	IEC 60335-2-102:2004Ed.1.0	IEC 60335-2-102 am2 Ed. 1.0	2012-11-07
13	家用和类似用途电器的安全　第 2 部分风扇的特殊要求	GB 4706.27—2008	IEC 60335-2-80:2004	IEC 60335-2-80 Ed. 3.0	2015-04-16
14	家用和类似用途电器的安全　贮热式室内加热器的特殊要求	GB 4706.44—2005	IEC 60335-2-61:2002	IEC 60335-2-61 Ed. 2.2	2009-04-29
15	家用和类似用途电器的安全　便携式电热工具及类似用途电器的特殊要求	GB 4706.41—2005	IEC 60335-2-45:2002	IEC 60335-2-45 Ed. 3.2	2012-01-30
16	家用和类似用途电器的安全　商用电深油炸锅的特殊要求	GB 4706.33—2008	IEC 60335-2-37:2002	IEC 60335-2-37 Ed. 5.2	2011-11-28
17	家用和类似用途电器的安全　商用电强制对流烤炉、蒸汽炊具和蒸汽对流炉的特殊要求	GB 4706.34—2008	IEC 60335-2-42:2002	IEC 60335-2-42 Ed. 5.1	2009-08-31
18	家用和类似用途电器的安全　商用电煮锅的特殊要求	GB 4706.35—2008	IEC 60335-2-47:2002	IEC 60335-2-47 Ed. 4.1	2008-07-15
19	家用和类似用途电器的安全　商用单双面电热铛的特殊要求	GB 4706.37—2008	IEC 60335-2-38:2002	IEC 60335-2-38 Ed. 5.1	2008-06-25
20	家用和类似用途电器的安全　商用电动饮食加工机械的特殊要求	GB 4706.38—2008	IEC 60335-2-64:2002	IEC 60335-2-64 Ed. 3.1	2008-03-26

表 3-1（续）

序号	标准名称	现行标准采标情况		最新 IEC 标准	
		标准编号	现行标准采用 IEC 版本	最新 IEC 标准	发布日期
21	家用和类似用途电器的安全　商用电烤炉和烤面包的特殊要求	GB 4706.39—2008	IEC 60335-2-48:2002	IEC 60335-2-48 Ed. 4.1	2008-06-25
22	家用和类似用途电器的安全　商用多用途电平锅的特殊要求	GB 4706.40—2008	IEC 60335-2-39:2004	IEC 60335-2-39 Ed. 6.0	2012-04-04
23	家用和类似用途电器的安全　商用电热食品和陶瓷餐具保温器的特殊要求	GB 4706.51—2008	IEC 60335-2-49:2002	IEC 60335-2-49 Ed. 4.1	2008-06-25
24	家用和类似用途电器的安全　商用电漂洗槽的特殊要求	GB 4706.63—2008	IEC 60335-2-62:2002	IEC 60335-2-62 Ed. 3.1	2008-06-25
25	家用和类似用途电器的安全　商用售卖机的特殊要求	GB 4706.72—2008	IEC 60335-2-75:2002	IEC 60335-2-75 Ed. 3.0	2012-12-14
26	家用和类似用途电器的安全　电动机-压缩机的特殊要求	GB 4706.17—2010	IEC 60335-2-34:2009	IEC 60335-2-34 am1 Ed. 5.0	2015-05-05
27	家用和类似用途电器的安全口腔卫生器具的特殊要求	GB 4706.59—2008	IEC 60335-2-52:2002	IEC 60335-2-52 Ed. 3.1	2008-07-15
28	家用和类似用途电器的安全　灭虫器的特殊要求	GB 4706.76—2008	IEC 60335-2-59:2006	IEC 60335-2-59 Ed. 3.2	2009-11-26
29	家用和类似用途电器的安全　闸门、房门和窗的驱动装置的特殊要求	GB 4706.98—2008	IEC 60335-2-103:2006	IEC 60335-2-103 Ed. 3.0	2015-04-15
30	家用和类似用途电器的安全　电击动物设备的特殊要求	GB 4706.97—2008	IEC 60335-2-87:2002	IEC 60335-2-87 am2 Ed. 2.0	2012-10-25
31	家用和类似用途电器的安全　电捕鱼器的特殊要求	GB 4706.103—2010	IEC 60335-2-86:2005	IEC 60335-2-86 am2 Ed. 2.0	2012-10-25
32	家用和类似用途电器的安全　挥发器的特殊要求	GB 4706.81—2014	IEC 60335-2-101:2008	IEC 60335-2-101 am2 Ed. 1.0	2014-08-12
33	家用和类似用途电器的安全　房间加热用软片加热元件的特殊要求	GB 4706.82—2007	IEC 60335-2-96:2002	IEC 60335-2-96 Ed. 1.2	2009-1-28
34	家用和类似用途电器的安全　水床加热器的特殊要求	GB 4706.58—2010	IEC 60335-2-66:2008	IEC 60335-2-66 Ed. 2.2	2012-01-18

表 3-1（续）

序号	标准名称	现行标准采标情况		最新 IEC 标准	
		标准编号	现行标准采用 IEC 版本	最新 IEC 标准	发布日期
35	家用和类似用途电器的安全　住宅用垂直运动车库门的驱动装置的特殊要求	GB 4706.68—2008	IEC 60335-2-95:2005	IEC 60335-2-95 am1 Ed. 3.0	2015-01-22
36	家用和类似用途电器的安全　服务和娱乐器具的特殊要求	GB 4706.69—2008	IEC 60335-2-82:2005	IEC 60335-2-82 am2 Ed. 2.0	2015-01-22
37	家用和类似用途电器的安全　时钟的特殊要求	GB 4706.70—2008	IEC 60335-2-26:2005	IEC 60335-2-26 Ed. 4.1	2008-07-15
38	家用和类似用途电器的安全　缝纫机的特殊要求	GB 4706.74—2008	IEC 60335-2-28:2005	IEC 60335-2-28 Ed. 4.1	2008-07-15
39	家用和类似用途电器的安全　电围栏激励器的特殊要求	GB 4706.91—2008	IEC 60335-2-76:2006	IEC 60335-2-76 am2 Ed. 2.0	2013-05-31

主要参考文献

[1]余诚康.欧洲统一标准的制定及其组织机构[J].世界标准化与质量管理.

[2]杨凯.技术法规的基本观念反思[J].北方法学，2014,（04）.

[3]唐健飞.WTO/TBT 协定框架下我国技术法规体系的立法完善[J].宏观经济研究，2012,（09）.

[4]施颖、丁日佳.产品质量安全监管体制的国际比较与启示[J].北京行政学院学报，2015,（2）.

[5]叶敦毅.IEC/EN 60335-1 新版标准介绍.

[6]穆祥纯.中外技术标准体系的比较及战略思考.

[7]马菁菁，刘泽华等.我国机电产品技术法规体系建立的研究[J].家电科技，2012,（10）.

[8]http://www.tbtmap.cn.

[9]http://ec.europa.eu/consumers/consumers_safety.

[10]http://www.cpsc.gov.

[11]http://www.jema-net.or.jp.

[12]http://www.erac.gov.au.

[13]http://infostore.saiglobal.com.

[14]http://std.gdciq.gov.cn/gssw/res/emergingMarket/Korea/2155_1800991_25.html.

附表1　各国法律法规、管理机构及领域对比表

国家/地区		法律法规名称	管理机构	领域
欧盟	1	通用产品安全指令（GPSD）2001/95/EC	欧洲议会、欧盟理事会、欧盟委员会	消费品安全
	2	缺陷产品责任指令（又称产品责任指令）85/374/ EEC		消费品安全
	3	合格评定程序和合格标志93/68/EEC、2008/768/EC		合格评定和标签
	4	低电压指令2014/35/EC（LVD）		电气安全
	5	电磁兼容指令2004/30/EC		电磁兼容
	6	噪声指令2000/14/EC		噪声安全
	7	机械指令2006/42/EC		机械安全
	8	电子电气设备中限制使用某些有害物质指令2002/95/EC（ROHS）		节能、环保
	9	报废电子电气设备指令2002/96/EC（WEEE）		
	10	生态设计指令2005/32/EC（EuP）、2009/125/EC（ErP）		
	11	能源标识指令2010/30/EC等		
	12	生态标签2003/240/EC等		
	13	包装及包装废弃物2005/20/EC等		
美国	1	《美国消费品安全法》（CPSA）	美国消费产品安全委员会（CPSC）	消费品安全
	2	《美国国家电气规范》（NEC）	美国国家防火协会（NFPA）	电气安全
	3	电磁兼容法规，如电信法、通信法	美国联邦通信委员会（FCC）	电磁兼容
	4	联邦食品、药品、化妆品法案	美国食品及药物管理局（FDA）	产品辐射
	5	2005年能源政策法案	美国能源部（DOE） 美国环保署（EPA） 美国联邦贸易委员会（FTC）	节能、环保及标签
	6	2007年能源独立与安全法案		
	7	电器标签规定		
	8	禁氟令等		

附表1（续）

国家/地区		法律法规名称	管理机构	领域
日本	1	消费品安全法	经济产业省	消费品安全
	2	电气用品安全法及其实施令、实施规则、有关技术基准的省令		规范电气产品的生产、销售等环节，防止电气用品引起的危险发生
	3	《日本家居用品质量标签法》下的《电子设备和装置标签规定》		产品标签
	4	促进资源有效利用法		环保、节能
	5	家电再商品化法		
	6	能源合理使用法		
	7	无线电法	总务省	管辖微波炉、电磁感应加热器具（如电磁炉）和超声波清洁器等
	8	食品卫生法	厚生劳动省	涉及与食品直接接触的产品，如榨汁机、电热咖啡机和电饭锅
	9	供水设施法		涉及洗衣机、洗碗机、净水器等产品
韩国	1	电器安全控制法案	商务部、工业部及能源部	电气安全
澳大利亚和新西兰	1	1945年电气安全法	电气法规管理委员会（ERAC）	
	2	2002年电气安全法 2002年电气安全条例	昆士兰州（劳工与工业关系部）	
	3	1996年电力法 1997年电力（通用）条例 2000年电气产品法	南澳大利亚州（运输能源基建部）	
	4	2004年电气（消费者安全）法	新南威尔士州	
	5	1992年电力法 1997年电力条例	新西兰	

附表1（续）

国家/地区		法律法规名称	管理机构	领域
中国	1	中华人民共和国产品质量法	人民代表大会	通用
	2	消费者权益保护法	人民代表大会	
	3	标准化法	人民代表大会	
	4	中华人民共和国计量法	全国人民代表大会常务委员会	
	5	中华人民共和国广告法	全国人民代表大会常务委员会	
	6	中华人民共和国进出口商品检验法	全国人民代表大会常务委员会	
	7	中华人民共和国食品安全法	全国人民代表大会常务委员会	食品安全
	8	中华人民共和国认证认可条例	国务院	环保、节能
	9	工业产品生产许可证管理条例	国务院	
	10	强制性产品认证管理规定	国家质量监督检验检疫总局	
	11	产品质量监督抽查管理办法	国家质量监督检验检疫总局令	
	12	中华人民共和国清洁生产促进法	全国人民代表大会常务委员会	
	13	中华人民共和国固体废物污染环境防治法	全国人民代表大会常务委员会	
	14	中华人民共和国可再生能源法	全国人民代表大会常务委员会	
	15	电子信息产品污染控制管理办法	工业和信息化部、发改委等	
	16	能源效率标识管理办法	发改委、质检总局	

附表2　国际标准与我国标准的对应关系表

序号	标准编号	标准名称	与之对应的我国标准的编号和名称
1	IEC 60335-1:2010+AMD1:2013	Household and similar electrical appliances—Safety—Part 1: General requirements	GB 4706.1家用和类似用途电器的安全　第1部分：通用要求
2	IEC 60335-2-2:2009+AMD1:2012	Household and similar electrical appliances—Safety—Part 2-2: Particular requirements for vacuum cleaners and water-suction cleaning appliances	GB 4706.7家用和类似用途电器的安全　真空吸尘器和吸水式清洁器具的特殊要求
3	IEC 60335-2-3:2012	Household and similar electrical appliances—Safety—Part 2-3: Particular requirements for electric irons	GB 4706.2家用和类似用途电器的安全　电熨斗的特殊要求
4	IEC 60335-2-4:2008+AMD1:2012	Household and similar electrical appliances—Safety—Part 2-4: Particular requirements for spin extractors	GB 4706.26家用和类似用途电器的安全　离心式脱水机的特殊要求
5	IEC 60335-2-5:2012	Household and similar electrical appliances—Safety—Part 2-5: Particular requirements for dishwashers	GB 4706.25家用和类似用途电器的安全　洗碟机的特殊要求
6	IEC 60335-2-6:2014	Household and similar electrical appliances—Safety—Part 2-6: Particular requirements for stationary cooking ranges, hobs, ovens and similar appliances	GB 4706.22家用和类似用途电器的安全　驻立式电灶、灶台、烤炉及类似用途器具的特殊要求
7	IEC 60335-2-7:2008+AMD1:2011	Household and similar electrical appliances—Safety—Part 2-7: Particular requirements for washing machines	GB 4706.24家用和类似用途电器的安全　洗衣机的特殊要求
8	IEC 60335-2-8:2012	Household and similar electrical appliances—Safety—Part 2-8: Particular requirements for shavers, hair clippers and similar appliances	GB 4706.9家用和类似用途电器的安全　剃须刀、电推剪及类似器具的特殊要求
9	IEC 60335-2-9:2008+AMD1:2012	Household and similar electrical appliances—Safety—Part 2-9: Particular requirements for grills, toasters and similar portable cooking appliances	GB 4706.14家用和类似用途电器的安全　面包片烘烤器、烤架、电烤炉及类似用途器具的特殊要求
10	IEC 60335-2-10:2002+AMD1:2008	Household and similar electrical appliances—Safety—Part 2-10: Particular requirements for floor treatment machines and wet scrubbing machines	GB 4706.57家用和类似用途电器的安全　地板处理机和湿式擦洗机的特殊要求
11	IEC 60335-2-11:2008+AMD1:2012	Household and similar electrical appliances—Safety—Part 2-11: Particular requirements for tumble dryers	GB 4706.20家用和类似用途电器的安全　滚筒式干衣机的特殊要求

附表2（续）

序号	标准编号	标准名称	与之对应的我国标准的编号和名称
12	IEC 60335-2-12:2002+AMD1:2008	Household and similar electrical appliances—Safety—Part 2-12: Particular requirements for warming plates and similar appliances	GB 4706.55家用和类似用途电器的安全 保温板和类似器具的特殊要求
13	IEC 60335-2-13:2009	Household and similar electrical appliances—Safety—Part 2-13: Particular requirements for deep fat fryers, frying pans and similar appliances	GB 4706.56家用和类似用途电器的安全 深油炸锅、油煎锅及类似器具的特殊要求
14	IEC 60335-2-14:2006+AMD1:2008+AMD2: 2012	Household and similar electrical appliances—Safety—Part 2-14: Particular requirements for kitchen machines	GB 4706.30家用和类似用途电器的安全 厨房机械的特殊要求
15	IEC 60335-2-15:2012	Household and similar electrical appliances—Safety—Part 2-15: Particular requirements for appliances for heating liquids	GB 4706.19家用和类似用途电器的安全 液体加热器的特殊要求
16	IEC 60335-2-16:2002+AMD1:2008+AMD2:2011	Household ans similar electrical appliances—Safety—Part 2-16: Particular requirements for food waste disposers	GB 4706.49家用和类似用途电器的安全 废弃食物处理器的特殊要求
17	IEC 60335-2-17:2012	Household and similar electrical appliances—Safety—Part 2-17: Particular requirements for blankets, pads, clothing and similar flexible heating appliances	GB 4706.8家用和类似用途电器的安全 电热毯、电热垫及类似柔性发热器具的特殊要求
18	IEC 60335-2-21:2012	Household and similar electrical appliances—Safety—Part 2-21: Particular requirements for storage water heaters	GB 4706.12家用和类似用途电器的安全 储水式热水器的特殊要求
19	IEC 60335-2-23:2003+AMD1:2008+AMD2:2012	Household and similar electrical appliances—Safety—Part 2-23: Particular requirements for appliances for skin or hair care	GB 4706.15家用和类似用途电器的安全 皮肤及毛发护理器具的特殊要求
20	IEC 60335-2-24:2010+AMD1:2012	Household and similar electrical appliances—Safety—Part 2-24: Particular requirements for refrigerating appliances, ice-cream appliances and ice makers	GB 4706.13家用和类似用途电器的安全 制冷器具、冰淇淋机和制冰机的特殊要求
21	IEC 60335-2-25:2010+AMD1:2014	Household and similar electrical appliances—Safety—Part 2-25: Particular requirements for microwave ovens, including combination microwave ovens	GB 4706.21家用和类似用途电器的安全 微波炉的特殊要求
22	IEC 60335-2-26:2002+AMD1:2008	Household and similar electrical appliances—Safety—Part 2-26: Particular requirements for clocks	GB 4706.70家用和类似用途电器的安全 时钟的特殊要求

附表2（续）

序号	标准编号	标准名称	与之对应的我国标准的编号和名称
23	IEC 60335-2-27:2009+AMD1:2012	Household and similar electrical appliances—Safety—Part 2-27: Particular requirements for appliances for skin exposure to ultraviolet and infrared radiation	GB 4706.85家用和类似用途电器的安全 紫外线和红外线辐射皮肤器具的特殊要求
24	IEC 60335-2-28:2002+AMD1:2008	Household and similar electrical appliances—Safety—Part 2-28: Particular requirements for sewing machines	GB 4706.74家用和类似用途电器的安全 缝纫机的特殊要求
25	IEC 60335-2-29:2002+AMD1:2004+AMD 2:2009	Household and similar electrical appliances—Safety—Part 2-29: Particular requirements for battery chargers	GB 4706.18家用和类似用途电器的安全 电池充电器的特殊要求
26	IEC 60335-2-30:2009	Household and similar electrical appliances—Safety -Part 2-30: Particular requirements for room heaters	GB 4706.23家用和类似用途电器的安全 室内加热器的特殊要求
27	IEC 60335-2-31:2012	Household and similar electrical appliances—Safety—Part 2-31: Particular requirements for range hoods and other cooking fume extractors	GB 4706.28家用和类似用途电器的安全 吸油烟机的特殊要求
28	IEC 60335-2-32:2002+AMD1:2008+AMD 2:2013	Household and similar electrical appliances—Safety—Part 2-32: Particular requirements for massage appliances	GB 4706.10家用和类似用途电器的安全 按摩器具的特殊要求
29	IEC 60335-2-34:2012	Household and similar electrical appliances—Safety—Part 2-34: Particular requirements for motor-compressors	GB 4706.17家用和类似用途电器的安全 电动机-压缩机的特殊要求
30	IEC 60335-2-35:2012	Household and similar electrical appliances—Safety—Part 2-35: Particular requirements for instantaneous water heaters	GB 4706.11家用和类似用途电器的安全 快热式热水器的特殊要求
31	IEC 60335-2-36:2002+AMD1:2004+AMD 2:2008	Household and similar electrical appliances—Safety—Part 2-36: Particular requirements for commercial electric cooking ranges, ovens, hobs and hob elements	GB 4706.52家用和类似用途电器的安全 商用电炉灶、烤箱、灶和灶单元的特殊要求
32	IEC 60335-2-37:2002+AMD1:2008+AMD 2:2011	Household and similar electrical appliances—Safety—Part 2-37: Particular requirements for commercial electric doughnut fryers and deep fat fryers	GB 4706.33家用和类似用途电器的安全 商用电深油炸锅的特殊要求
33	IEC 60335-2-38:2002+AMD1:2008 CSV	Household and similar electrical appliances—Safety—Part 2-38: Particular requirements for commercial electric griddles and griddle grills	GB 4706.37家用和类似用途电器的安全 商用单双面电热铛的特殊要求

附表2（续）

序号	标准编号	标准名称	与之对应的我国标准的编号和名称
34	IEC 60335-2-39:2012	Household and similar electrical appliances—Safety—Part 2-39: Particular requirements for commercial electric multi-purpose cooking pans	GB 4706.40家用和类似用途电器的安全 商用多用途电平锅的特殊要求
35	IEC 60335-2-40:2013	Household and similar electrical appliances—Safety—Part 2-40: Particular requirements for electrical heat pumps, air-conditioners and dehumidifiers	GB 4706.32家用和类似用途电器的安全 热泵、空调器和除湿机的特殊要求
36	IEC 60335-2-41:2012	Household and similar electrical appliances—Safety—Part 2-41: Particular requirements for pumps	GB 4706.66家用和类似用途电器的安全 泵的特殊要求
37	IEC 60335-2-42:2002+AMD1:2008	Household and similar electrical appliances—Safety—Part 2-42: Particular requirements for commercial electric forced convection ovens, steam cookers and steam-convection ovens	GB 4706.34家用和类似用途电器的安全 商用电强制对流烤炉、蒸汽炊具和蒸汽对流炉的特殊要求
38	IEC 60335-2-43:2002+AMD1:2005+AMD2:2008	Household and similar electrical appliances—Safety—Part 2-43: Particular requirements for clothes dryers and towel rails	GB 4706.60家用和类似用途电器的安全 衣物干燥机和毛巾架的特殊要求
39	IEC 60335-2-44:2002+AMD1:2008+AMD2:2011	Household and similar electrical appliances—Safety—Part 2-44: Particular requirements for ironers	GB 4706.83家用和类似用途电器的安全 夹烫机的特殊要求
40	IEC 60335-2-45:2002+AMD1:2008+AMD2:2011	Household and similar electrical appliances—Safety—Part 2-45: Particular requirements for portable heating tools and similar appliances	GB 4706.41家用和类似用途电器的安全 便携式电热工具及其类似器具的特殊要求
41	IEC 60335-2-47:2002+AMD1:2008	Household and similar electrical appliances—Safety—Part 2-47: Particular requirements for commercial electric boiling pans	GB 4706.35家用和类似用途电器的安全 商用电煮锅的特殊要求
42	IEC 60335-2-48:2002+AMD1:2008	Household and similar electrical appliances—Safety—Part 2-48: Particular requirements for commercial electric grillers and toasters	GB 4706.39家用和类似用途电器的安全 商用电烤炉和烤面包炉的特殊要求
43	IEC 60335-2-49:2002+AMD1:2008	Household and similar electrical appliances—Safety—Part 2-49: Particular requirements for commercial electric appliances for keeping food and crockery warm	GB 4706.51家用和类似用途电器的安全 商用电热食品保温柜的特殊要求
44	IEC 60335-2-50:2002+AMD1:2007	Household and similar electrical appliances—Safety—Part 2-50: Particular requirements for commercial electric bains-marie	GB 4706.62家用和类似用途电器的安全 商用电水浴保温器的特殊要求

附表2（续）

序号	标准编号	标准名称	与之对应的我国标准的编号和名称
45	IEC 60335-2-51:2002+AMD1:2008+AMD 2:2011	Household and similar electrical appliances—Safety—Part 2-51: Particular requirements for stationary circulation pumps for heating and service water installations	GB 4706.71家用和类似用途电器的安全 加热和供水装置固定循环泵的特殊要求
46	IEC 60335-2-52:2002+AMD1:2008	Household and similar electrical appliances—Safety—Part 2-52: Particular requirements for oral hygiene appliances	GB 4706.59家用和类似用途电器的安全 口腔卫生器具的特殊要求
47	IEC 60335-2-53:2011	Household and similar electrical appliances—Safety—Part 2-53: Particular requirements for sauna heating appliances and infrared cabins	GB 4706.31家用和类似用途电器的安全 桑那浴加热器具的特殊要求
48	IEC 60335-2-54:2008	Household and similar electrical appliances—Safety—Part 2-54: Particular requirements for surface-cleaning appliances for household use employing liquids or steam	GB 4706.61家用和类似用途电器的安全 使用液体的表面清洁器具的特殊要求
49	IEC 60335-2-55:2002+AMD1:2008	Household and similar electrical appliances—Safety—Part 2-55: Particular requirements for electrical appliances for use with aquariums and garden ponds	GB 4706.67家用和类似用途电器的安全 水族箱和花园池塘用电器的特殊要求
50	IEC 60335-2-56:2002+AMD1:2008+AMD 2:2014	Household and similar electrical appliances—Safety—Part 2-56: Particular requirements for projectors and similar appliances	GB 4706.43家用和类似用途电器的安全 投影仪和类似用途器具的特殊要求
51	IEC 60335-2-58:2002+AMD1:2008	Household and similar electrical appliances—Safety—Part 2-58: Particular requirements for commercial electric dishwashing machines	GB 4706.50家用和类似用途电器的安全 商用电动洗碗机的特殊要求
52	IEC 60335-2-59:2002+AMD1:2006+AMD 2:2009	Household and similar electrical appliances—Safety—Part 2-59: Particular requirements for insect killers	GB 4706.76家用和类似用途电器的安全 灭虫器的特殊要求
53	IEC 60335-2-60:2002+AMD1:2004+AMD 2:2008	Household and similar electrical appliances—Safety—Part 2-60: Particular requirements for whirlpool baths and whirlpool spas	GB 4706.73家用和类似用途电器的安全 涡流浴缸的特殊要求
54	IEC 60335-2-61:2002+AMD1:2005+AMD 2:2008	Household and similar electrical appliances—Safety—Part 2-61: Particular requirements for thermal storage room heaters	GB 4706.44家用和类似用途电器的安全 贮热式室内加热器的特殊要求
55	IEC 60335-2-62:2002+AMD1:2008	Household and similar electrical appliances—Safety—Part 2-62: Particular requirements for commercial electric rinsing sinks	GB 4706.63家用和类似用途电器的安全 商用电漂洗槽的特殊要求

附表2（续）

序号	标准编号	标准名称	与之对应的我国标准的编号和名称
56	IEC 60335-2-64:2002+AMD1:2007	Household and similar electrical appliances—Safety—Part 2-64: Particular requirements for commercial electric kitchen machines	GB 4706.38家用和类似用途电器的安全 商用电动饮食加工机械的特殊要求
57	IEC 60335-2-65:2002+AMD1:2008+AMD2:2015	Household and similar electrical appliances—Safety—Part 2-65: Particular requirements for air-cleaning appliances	GB 4706.45家用和类似用途电器的安全 空气净化器的特殊要求
58	IEC 60335-2-66:2002+AMD1:2008+AMD2:2011	Household and similar electrical appliances—Safety—Part 2-66: Particular requirements for water-bed heaters	GB 4706.58家用和类似用途电器的安全 水床加热器的特殊要求
59	IEC 60335-2-67:2012	Household and similar electrical appliances—Safety—Part 2-67: Particular requirements for floor treatment machines, for commercial use	GB 4706.86家用和类似用途电器的安全 工业和商用地板处理机与地面清洗机的特殊要求
60	IEC 60335-2-68:2012	Household and similar electrical appliances—Safety—Part 2-68: Particular requirements for spray extraction machines, for commercial use	GB 4706.87家用和类似用途电器的安全 工业和商用喷雾抽吸器具的特殊要求
61	IEC 60335-2-69:2012	Household and similar electrical appliances—Safety—Part 2-69: Particular requirements for wet and dry vacuum cleaners, including power brush, for commercial use	GB 4706.88家用和类似用途电器的安全 工业和商用带动力刷的湿或干吸尘器的特殊要求
62	IEC 60335-2-70:2002+AMD1:2007+AMD2:2013	Household and similar electrical appliances—Safety—Part 2-70: Particular requirements for milking machines	GB 4706.46家用和类似用途电器的安全 挤奶机的特殊要求
63	IEC 60335-2-71:2002+AMD1:2007+AMD2:2012	Household and similar electrical appliances—Safety—Part 2-71: Particular requirements for electrical heating appliances for breeding and rearing animals	GB 4706.47家用和类似用途电器的安全 动物繁殖和饲养用电加热器的特殊要求
64	IEC 60335-2-72:2012	Household and similar electrical appliances—Safety—Part 2-72: Particular requirements for floor treatment machines with or without traction drive, for commercial use	GB 4706.96家用和类似用途电器的安全 工业和商业用地板自动处理机的特殊要求
65	IEC 60335-2-73:2002+AMD1:2006+AMD2:2009	Household and similar electrical appliances—Safety—Part 2-73: Particular requirements for fixed immersion heaters	GB 4706.75家用和类似用途电器的安全 固定浸入式加热器的特殊要求
66	IEC 60335-2-74:2002+AMD1:2006+AMD2:2009	Household and similar electrical appliances—Safety—Part 2-74: Particular requirements for portable immersion heaters	GB 4706.77家用和类似用途电器的安全 便携浸入式加热器的特殊要求

附表2（续）

序号	标准编号	标准名称	与之对应的我国标准的编号和名称
67	IEC 60335-2-75:2012	Household and similar electrical appliances—Safety—Part 2-75: Particular requirements for commercial dispensing appliances and vending machines	GB 4706.72家用和类似用途电器的安全 商用售卖机的特殊要求
68	IEC 60335-2-76:2002+AMD1:2006+AMD 2:2013	Household and similar electrical appliances—Safety—Part 2-76: Particular requirements for electric fence energizers	GB 4706.91家用和类似用途电器的安全 栅栏增能器的特殊要求
69	IEC 60335-2-78:2002+AMD1:2008	Household and similar electrical appliances—Safety—Part 2-78: Particular requirements for outdoor barbecues	GB 4706.106家用和类似用途电器的安全 户外烤肉架的特殊要求
70	IEC 60335-2-79:2012	Household and similar electrical appliances—Safety—Part 2-79: Particular requirements for high pressure cleaners and steam cleaners	GB 4706.89家用和类似用途电器的安全 工业和商用高压清洁器与蒸汽清洁器的特殊要求
71	IEC 60335-2-80:2002+AMD1:2004+AMD 2:2008	Household and similar electrical appliances—Safety—Part 2-80: Particular requirements for fans	GB 4706.27家用和类似用途电器的安全 风扇的特殊要求
72	IEC 60335-2-81:2002+AMD1:2007+AMD 2:2011	Household and similar electrical appliances—Safety—Part 2-81: Particular requirements for foot warmers and heating mats	GB 4706.80家用和类似用途电器的安全 暖脚器和热脚垫的特殊要求
73	IEC 60335-2-82:2002+AMD1:2008+AMD 2:2015	Household and similar electrical appliances—Safety—Part 2-82: Particular requirements for amusement machines and personal service machines	GB 4706.69家用和类似用途电器的安全 服务和娱乐器具的特殊要求
74	IEC 60335-2-83:2001+AMD1:2008	Household and similar electrical appliances—Safety—Part 2-83: Particular requirements for heated gullies for roof drainage	GB 4706.104家用和类似用途电器的安全 屋顶排水系统的热排水槽的特殊要求
75	IEC 60335-2-84:2002+AMD1:2008+AMD 2:2013	Household and similar electrical appliances—Safety—Part 2-84: Particular requirements for toilet appliances	GB 4706.53家用和类似用途电器的安全 座便器的特殊要求
76	IEC 60335-2-85:2002+AMD1:2008	Household and similar electrical appliances—Safety—Part 2-85: Particular requirements for fabric steamers	GB 4706.84家用和类似用途电器的安全 织物蒸汽机的特殊要求
77	IEC 60335-2-86:2002+AMD1:2005+AMD 2:2012	Household and similar electrical appliances—Safety—Part 2-86: Particular requirements for electric fishing machines	GB 4706.103家用和类似用途电器的安全 电子钓鱼器的特殊要求

附表2（续）

序号	标准编号	标准名称	与之对应的我国标准的编号和名称
78	IEC 60335-2-87:2002+AMD1:2007+AMD2:2012	Household and similar electrical appliances—Safety—Part 2-87: Particular requirements for electrical animal-stunning equipment	GB 4706.97家用和类似用途电器的安全 电击动物设备的特殊要求
79	IEC 60335-2-88:2002	Household and similar electrical appliances—Safety—Part 2-88: Particular requirements for humidifiers intended for use with heating, ventilation, or air-conditioning systems	GB 4706.105家用和类似用途电器的安全 带加热通风和空调系统加湿的特殊要求
80	IEC 60335-2-89:2010+AMD1:2012	Household and similar electrical appliances—Safety—Part 2-89: Particular requirements for commercial refrigerating appliances with an incorporated or remote refrigerant unit or compressor	GB 4706.102家用和类似用途电器的安全 冷凝器或压缩机组合式或分开式商用制冷器具的特殊要求
81	IEC 60335-2-90:2006+AMD1:2010+AMD2:2014	Household and similar electrical appliances—Safety—Part 2-90: Particular requirements for commercial microwave ovens	GB 4706.90家用和类似用途电器的安全 商用微波炉的特殊要求
82	IEC 60335-2-95:2011+AMD1:2015	Household and similar electrical appliances—Safety—Part 2-95: Particular requirements for drives for vertically moving garage doors for residential use	GB 4706.68家用和类似用途电器的安全 住宅用垂直运动车库门的驱动装置的特殊要求
83	IEC 60335-2-96:2002+AMD1:2003+AMD2:2008	Household and similar electrical appliances—Safety—Part 2-96: Particular requirements for flexible sheet heating elements for room heating	GB 4706.82家用和类似用途电器的安全 房间加热用软片加热元件的特殊要求
84	IEC 60335-2-97:2002+AMD1:2004+AMD2:2008	Household and similar electrical appliances—Safety—Part 2-97: Particular requirements for drives for rolling shutters, awnings, blinds and similar equipment	GB 4706.101家用和类似用途电器的安全 卷开百叶窗的驱动装置的特殊要求
85	IEC 60335-2-98:2002+AMD1:2004+AMD2:2008	Household and similar electrical appliances—Safety—Part 2-98: Particular requirements for humidifiers	GB 4706.48家用和类似用途电器的安全 加湿器的特殊要求
86	IEC 60335-2-99:2003	Household and similar electrical appliances—Safety—Part 2-99: Particular requirements for commercial electric hoods	GB 4706.95家用和类似用途电器的安全 商用吸油烟罩的特殊要求
87	IEC 60335-2-101:2002+AMD1:2008+AMD2:2014	Household and similar electrical appliances—Safety—Part 2-101: Particular requirements for vaporizers	GB 4706.81家用和类似用途电器的安全 挥发器的特殊要求

附表2（续）

序号	标准编号	标准名称	与之对应的我国标准的编号和名称
88	IEC 60335-2-102:2004+AMD1:2008+AMD2:2012	Household and similar electrical appliances—Safety—Part 2-102: Particular requirements for gas, oil and solid-fuel burning appliances having electrical connections	GB 4706.94家用和类似用途电器的安全 有电气连接的气体、油和固体燃料燃烧器具的特殊要求
89	IEC 60335-2-103:2006+AMD1:2010	Household and similar electrical appliances—Safety—Part 2-103: Particular requirements for drives for gates, doors and windows	GB 4706.98家用和类似用途电器的安全 门窗驱动装置的特殊要求
90	IEC 60335-2-104:2003	Household and similar electrical appliances—Safety—Part 2-104: Particular requirements for appliances to recover and/or recycle refrigerant from air conditioning and refrigeration equipment	GB 4706.92家用和类似用途电器的安全 空调和制冷设备中制冷剂的回收和再利用的特殊要求
91	IEC 60335-2-105:2004+AMD1:2008+AMD2:2013	Household and similar electrical appliances—Safety—Part 2-105: Particular requirements for multifunctional shower cabinets	GB 4706.100家用和类似用途电器的安全 多功能淋浴房的特殊要求
92	IEC 60335-2-106:2007	Household and similar electrical appliances—Safety—Part 2-106: Particular requirements for heated carpets and for heating units for room heating installed under removable floor coverings	GB 4706.108家用和类似用途电器的安全 电热毯及安装在可移动地板下的房间加热器的特殊要求
93	IEC 60335-2-108:2008	Household and similar electrical appliances—Safety—Part 2-108: Particular requirements for electrolysers	GB 4706.109家用和类似用途电器的安全电解槽的特殊要求
94	IEC 60335-2-109:2010+AMD1:2013	Household and similar electrical appliances—Safety—Part 2-109: Particular requirements for UV radiation water treatment appliances	
95	IEC 60335-2-110:2013	Household and similar electrical appliances—Safety—Part 2-110: Particular requirements for commercial microwave appliances with insertion or contacting applicators	
96	IEC 60335-2-111:2015	Household and similar electrical appliances—Safety—Part 2-111: Particular requirements for electric ondol mattress with a non-flexible heated part	
97	IEC 61770:2008	Electric appliances connected to the water mains—Avoidance of backsiphonage and failure of hose-sets	GB/T 23127与水源连接的电器避免虹吸和软管组件失效
98	IEC 62115:2003+AMD1:2004+AMD2:2010	Electric toys—Safety	GB 19865电玩具的安全

附表3 欧盟标准汇总表

序号	标准编号	英文名称	中文名称
1	BS EN 50087:1993	Safety of household and similar electrical appliances—Particular requirements for bulk-milk coolers	家用和类似用途电器的安全 散装牛奶冷却器的特殊要求
2	EN 50106:2008	Safety of household and similar electrical appliances—Particular rules for routine tests referring to appliances under the scope of EN 60335-1; German version EN 50106:2008	家用和类似用途电器的安全 EN 60335-1范围内涉及电器常规实验的特殊规则
3	EN 50408:2008/A1:2011	Household and similar electrical appliances—Safety—Particular requirements for cab heaters for vehicles	家用和类似用途电器的安全 车辆司机室取暖炉的特殊要求
4	EN 50410:2008	Household and similar electrical appliances—Safety—Particular requirements for decorative robots	家用和类似用途电器的安全 装饰机器人的特殊要求
5	EN 50416:2005	Household and similar electrical appliances—Safety—Particular requirements for commercial electric conveyor dishwashing machines	家用和类似用途电器的安全 商用电传送洗碗机特殊要求
6	CLC/TR 50417:2014	Safety of household and similar electrical appliances -interpretations related to European Standards in the EN 60335 series	家用和类似用途电器的安全 关于EN60335系列标准的说明
7	EN 50569:2013	Household and similar electrical appliances—Safety—Particular requirements for commercial electric spin extractors	家用和类似用途电器的安全—商用电动脱水桶的安全
8	EN 50570:2013	Household and similar electrical appliances—Safety—Particular requirements for commercial electric tumble dryers	家用和类似用途电器的安全—商用电动烘干机的安全
9	EN 50571:2013	Household and similar electrical appliances—Safety—Particular requirements for commercial electric washing machines	家用和类似用途电器的安全—商用电动洗衣机的安全
10	EN 60335-1:2012	Household and similar electrical appliances—Safety—Part 1: General requirements	家用和类似用途电器的安全 第1部分：通用要求
11	EN 60335-2-2:2010	Household and similar electrical appliances—Safety—Part 2-2: Particular requirements for vacuum cleaners and water-suction cleaning appliances	家用和类似用途电器的安全 第2-2部分：真空吸尘器和吸水清洁器的特殊要求

附表3（续）

序号	标准编号	英文名称	中文名称
12	EN 60335-2-3:2002	Household and similar electrical appliances—Safety—Part 2-3: Particular requirements for electric irons	家用和类似用途电器的安全　第2-3部分：电熨斗的特殊要求
13	EN 60335-2-4:2010	Household and similar electrical appliances—Safety—Part 2-4: Particular requirements for spin extractors	家用和类似用途电器的安全　第2-4部分：离心式脱水机的特殊要求
14	EN 60335-2-5:2003/A11:2009	Household and similar electrical appliances—Safety—Part 2-5: Particular requirements for dishwashers	家用和类似用途电器的安全　第2-5部分：洗碗机的特殊要求
15	EN 60335-2-6:2003/A1:2005/A2:2008/A11:2010	Household and similar electrical appliances—Safety—Part 2-6: Particular requirements for stationary cooking ranges, hobs, ovens and similar appliances	家用和类似用途电器的安全　第2-6部分：固定烹调灶具，炉架，烤炉和类似器具的详细要求
16	EN 60335-2-7:2010	Household and similar electrical appliances—Safety—Part 2-7: Particular requirements for washing machines	家用和类似用途电器的安全　第2-7部分：洗衣机的特殊要求
17	EN 60335-2-8:2003/A1:2005/A2:2008	Household and similar electrical appliances—Safety—Part 2-8: Particular requirements for shavers, hair clippers and similar appliances	家用和类似用途电器的安全　第2-8部分：电剃须刀、电理发推子和类似器具的特殊要求
18	EN 60335-2-9:2003+A13:2010 /A1:2004 /A2:2006/AC:2011/A12:2007	Household and similar electrical appliances—Safety—Part 2-9: Particular requirements for grills, toasters and similar portable cooking appliances	家用和类似用途电器的安全　第2-8部分：烤架、电烤箱和类似便携式灶具的特殊要求
19	EN 60335-2-10:2003/A1:2008	Household and similar electrical appliances—Safety—Part 2-10: Particular requirements for floor treatment machines and wet scrubbing machines	家用和类似用途电器的安全　第2-10部分：地板处理机和湿式擦洗机的特殊要求
20	EN 60335-2-11:2010	Household and similar electrical appliances—Safety—Part 2-11: Particular requirements for tumble dryers IEC 60335-2-11:2002（Modified）	家用和类似用途电器的安全　第2-11部分：滚筒烘干机的特殊要求
21	EN 60335-2-12:2003	Household and similar electrical appliances—Safety—Part 2-12: Particular requirements for warming plates and similar appliances	家用和类似用途电器的安全　第2-12部分：保温板和类似器具的特殊要求
22	EN 60335-2-13:2010	Household and similar electrical appliances—Safety—Part 2-13: Particular requirements for deep fat fryers, frying pans and similar appliances	家用和类似用途电器的安全　第2-13部分：深油炸锅、油煎锅及类似器具的详细要求

附表3（续）

序号	标准编号	英文名称	中文名称
23	EN 60335-2-14:2006/A1:2008/A11:2012	Household and similar electrical appliances—Safety—Part 2-14: Particular requirements for kitchen machines	家用和类似用途电器的安全　第2-14部分：厨房器具的特殊要求
24	EN 60335-2-15:2002/A1:2005/A2:2008/A11:2012	Household and similar electrical appliances—Safety—Part 2-15: Particular requirements for appliances for heating liquids,	家用和类似用途电器的安全　第2-15部分：液体加热器的特殊要求
25	EN 60335-2-16:2003/A1:2008/A2:2012	Household and similar electrical appliances—Safety—Part 2-16: Particular requirements for food waste disposers	家用和类似用途电器的安全　第2-16部分：食物废弃物处理器的特殊要求
26	EN 60335-2-17:2002/A1:2006/A2:2009	Household and similar electrical appliances—Safety—Part 2-17: Particular requirements for blankets, pads, clothing and similar flexible heating appliances	家用和类似用途电器的安全　第2-17部分：毯、垫、衣服和类似柔质加热器具用特殊要求
27	EN 60335-2-19:1989	Specification for safety of household and similar electrical appliances. Particular requirements. Battery-powered shavers, hair clippers and similar appliances and their charging and battery assemblies	家用和类似用途电器的安全　第2-19部分：电动剃须刀、理发器和类似器具以及它们的充电和电池附件的特殊要求
28	EN 60335-2-20:1989	Specification for safety of household and similar electrical appliances. Particular requirements. Battery-powered tooth-brushes and their charging and battery assemblies	家用和类似用途电器的安全　第2-20部分：电动牙刷及充电和电池附件的特殊要求
29	EN 60335-2-21:2003+A2-2008/A1:2005	Household and similar electrical appliances—Safety—Part 2-21: Particular requirements for storage water heaters	家用和类似用途电器的安全　第2-21部分：储水加热器的特殊要求
30	EN 60335-2-23:2003/A1:2005/A2:2008	Household and similar electrical appliances—Safety—Part 2-23: Particular requirements for appliances for skin or hair care	家用和类似用途电器的安全　第2-23部分：皮肤或毛发护理器具的详细要求
31	EN 60335-2-24:2010	Household and similar electrical appliances—Safety—Part 2-24: Particular requirements for refrigerating appliances, ice-cream appliances and ice makers	家用及类似用途电器的安全　第2-24部分：制冷器具、冰淇淋机和制冰机的特殊要求
32	EN 60335-2-25:2012	Household and similar electrical appliances—Safety—Part 2-25: Particular requirements for microwave ovens, including combination microwave ovens	家用和类似用途电器的安全　第2-25部分：微波炉、包括组合微波炉的特殊要求
33	EN 60335-2-26:2003/A1:2008	Household and similar electrical appliances—Safety—Part 2-26: Particular requirements for clocks IEC 60335-2-26:2002	家用和类似用途电器的安全　第2-26部分：钟表的特殊要求

附表3（续）

序号	标准编号	英文名称	中文名称
34	EN 60335-2-27:2013	Household and similar electrical appliances—Safety—Part 2-27: Particular requirements for appliances for skin exposure to ultraviolet and infrared radiation	家用及类似用途电器的安全　第2-27部分：紫外和红外辐射皮肤护理电器的特殊要求
35	EN 60335-2-28:2003/A1:2008	Household and similar electrical appliances—Safety—Part 2-28: Particular requirements for sewing machines IEC 60335-2-28:2002（Modified）	家用和类似用途电器的安全　第2-28部分：缝纫机的特殊要求
36	EN 60335-2-29:2004/A2:2010	Household and similar electrical appliances—Safety—Part 2-29: Particular requirements for battery chargers	家用和类似用途电器的安全　第2-29部分：电池充电器的特殊要求
37	EN 60335-2-30:2009/A11:2012	Household and similar electrical appliances—Safety—Part 2-30: Particular requirements for room heaters,	家用和类似用途电器的安全　第2-30部分：室内加热器的特殊要求
38	EN 60335-2-31：2014	Household and similar electrical appliances—Safety—Part 2-31: Particular requirements for range hoods and other cooking fume extractors,	家用和类似用途电器的安全　第2-31部分：油烟机和其他烹饪抽油烟机的特殊要求
39	EN 60335-2-32:2003/A1:2008	Household and similar electrical appliances—Safety—Part 2-32: Particular requirements for massage appliances	家用和类似用途电器的安全　第2-32部分：按摩器具的特殊要求
40	BS EN 60335-2-33:1992	Specification for safety of household and similar electrical appliances—Particular requirements—Coffee mills and coffee grinders	家用和类似用途电器安全规范.特殊要求.咖啡碾和咖啡磨碎器
41	EN 60335-2-34:2013	Household and similar electrical appliances—Safety—Part 2-34: Particular requirements for motor-compressors	家用和类似用途电器的安全　第2-34部分：电动机-压缩机的特殊要求
42	EN 60335-2-35:2002/A1:2007/A2:2011	Household and similar electrical appliances—Safety—Particular requirements for instantaneous water heaters	家用和类似用途电器的安全　第2-35部分：快热式热水器的特殊要求
43	EN 60335-2-36:2002/A1:2004/A11:2012	Household and similar electrical appliances—Safety—Part 2-36: Particular requirements for commercial electric cooking ranges, ovens, hobs and hob elements	家用和类似用途电器的安全　第2-36部分：商用电炉灶、烤箱、灶和灶单元的特殊要求
44	EN 60335-2-37:2002/A1:2008/A11:2012	Household and similar electrical appliances—Safety—Part 2-37: Particular requirements for commercial electric deep fat fryers	家用和类似用途电器的安全　第2-37部分：商用电深油煎锅的特殊要求

附表3（续）

序号	标准编号	英文名称	中文名称
45	EN 60335-2-38:2003	Household and similar electrical appliances—Safety—Part 2-38: Particular requirements for commercial electric griddles and griddle grills	家用和类似用途电器的安全　第2-38部分：商用单双面电热铛的特殊要求
46	EN 60335-2-39:2003/A1:2008/A11:2012	Household and similar electrical appliances—Safety—Part 2-39: Particular requirements for commercial electric multi-purpose cooking pans	家用和类似用途电器的安全　第2-39部分：商用多用途电平锅的特殊要求
47	EN 60335-2-40:2003/A1:2006/A2:2009/A11:2004/A13:2012/AC:2013	Household and similar electrical appliances—Safety—Part 2-40: Particular requirements for electrical heat pumps, air-conditioners and dehumidifiers	家用和类似用途电器的安全　第2-40部分：热泵、空调器和除湿机的特殊要求
48	EN 60335-2-41:2003/A1:2004/A2:2010	Household and similar electrical appliances—Safety—Part 2-41: Particular requirements for pumps IEC 60335-2-41:2002	家用和类似用途电器的安全　第2-41部分：泵的特殊要求
49	DIN EN 60335-2-42:2003/A1:2008/A11:2012	Household and similar electrical appliances—Safety—Part 2-42: Particular requirements for commercial electric forced convection ovens, steam cookers and steam-convection ovens	家用和类似用途电器的安全　第2-42部：商用电强制对流烤炉、蒸汽炊具和蒸汽对流炉的特殊要求
50	EN 60335-2-43:2003/A1:2006/A2:2008	Household and similar electrical appliances—Safety—Part 2-43: Particular requirements for clothes dryers and towel rails	家用和类似用途电器的安全　第2-43部分：衣物干燥机和毛巾架的特殊要求
51	EN 60335-2-44:2002/A1:2008/A2:2012	Household and similar electrical appliances—Safety—Part 2-44: Particular requirements for ironers	家用和类似用途电器的安全　第2-44部分：夹烫机的特殊要求
52	EN 60335-2-45:2002/A1:2008/A2:2012	Household and similar electrical appliances—Safety—Part 2-45: Particular requirements for portable heating tools and similar appliances	家用及类似用途电器安全　第2-45部分：便携式电热工具及其类似器具的特殊要求
53	EN 60335-2-46:1992	Safety of household and similar electrical appliances—Part 2-46: Particular requirements for commercial electric forced convection ovens, steam cookers and steam-convection ovens	家用和类似用途电器的安全　第2-46部分：商用电蒸汽杀菌锅的特殊要求
54	EN 60335-2-47:2003/A1:2008/A11:2012	Household and similar electrical appliances—Safety—Part 2-47: Particular requirements for commercial electric boiling pans	家用和类似用途电器的安全　第2-47部分：商用电煮锅的特殊要求
55	EN 60335-2-48:2003/A1:2008/A11:2012	Household and similar applicances—Safety—Part 2-48: Particular requirements for commercial electric grillers and toasters	家用和类似用途电器的安全　第2-48部分：商用电烤炉和烤面包炉的特殊要求

附表3（续）

序号	标准编号	英文名称	中文名称
56	EN 60335-2-49:2003/A1:2008/A11:2012	Household and similar electrical appliances—Safety—Part 2-49: Particular requirements for commercial electric appliances for keeping food and crockery warm	家用和类似用途电器的安全　第2-49部分：商用电热食品和陶瓷餐具保温器的特殊要求
57	EN 60335-2-50:2003/A1:2008	Household and similar electrical appliances—Safety—Part 2-50: Particular requirements for commercial electric bains-marie	家用和类似用途电器的安全　第2-50部分：商用电水浴保温器的特殊要求
58	EN 60335-2-51:2003/A1:2008/A2:2012	Household and similar electrical appliances—Safety—Part 2-51: Particular requirements for stationary circulation pumps for heating and service water installations	家用和类似用途电器的安全　第2-51部分：供热和供水装置固定循环泵的特殊要求
59	EN 60335-2-52:2003/A1:2008/A11:2011	Household and similar electrical appliances—Safety—Part 2-52: Particular requirements for oral hygiene appliances	家用和类似用途电器的安全　第2-52部分：口腔卫生器具的特殊要求
60	EN 60335-2-53:2011	Household and similar electrical appliances—Safety—Part 2-53: Particular requirements for sauna heating appliances and infrared cabins	家用和类似用途电器的安全　第2-53部分：桑拿加热器具的特殊要求
61	EN 60335-2-54:2008	Household and similar electrical appliances—Safety—Particular requirements for surface-cleaning appliances for household use employing liquids or steam	家用和类似用途电器的安全　第2-54部分：使用液体或蒸汽的家用表面清洁器具的特殊要求
62	EN 60335-2-55:2003/A1:2008	Household and similar electrical appliances—Safety—Part 2-55: Particular requirements for electrical appliances for use with aquariums and garden ponds	家用及类似用途电器的安全　第2-55部分：水族箱和花园池塘用电器的特殊要求
63	EN 60335-2-56:2003/A1:2008	Household and similar electrical appliances—Safety—Part 2-56: Particular requirements for projectors and similar appliances IEC 60335-2-56:2002	家用和类似用途电器的安全　第2-56部分：投影仪和类似用途器具的特殊要求
64	EN 60335-2-57:1992（废止）	Safety of household and similar electrical appliances Part 2: Particular requirements section 2.57: Ice-cream appliances with incorporated motor- compressors	家用和类似电器的安全　第2部分第57节：带插入式电动压缩机的冰淇淋机的特殊要求
65	EN 60335-2-58:2005/A1:2008/A11:2010	Household and similar electrical appliances—Safety—Part 2-58: Particular requirements for commercial electric dishwashing machines	家用和类似用途电器的安全　第2-58部分：商用洗碗机的特殊要求

附表3（续）

序号	标准编号	英文名称	中文名称
66	EN 60335-2-59:2003/A1:2006/A2:2009	Household and similar electrical appliances—Safety—Part 2-59: Particular requirements for insect killers	家用和类似用途电器的安全　第2-59部分：灭虫器的特殊要求
67	EN 60335-2-60:2003/A1:2005/A2:2008/A11:2010/A12:2010	Household and similar electrical appliances—Safety—Part 2-60: Particular requirements for whirlpool baths and whirlpool spas	家用和类似用途电器的安全　第2-60部分：涡流浴缸和涡流水疗器具的特殊要求
68	EN 60335-2-61:2003/A1:2005/A2:2008	Household and similar electrical appliances—Safety—Part 2-61: Particular requirements for thermal-storage room heaters	家用和类似用途电器的安全　第2-61部分：贮热式室内加热器的特殊要求
69	EN 60335-2-62:2003/A1:2008	Household and similar electrical appliances—Safety—Part 2-62: Particular requirements for commercial electric rinsing sinks	家用和类似用途电器的安全　第2-62部分：商用电漂洗槽的特殊要求
70	EN 60335-2-63:1993	Safety of household and similar electrical appliances—Part 2: Particular requirements for commercial electric water boilers and liquid heaters	家用和类似用途电器的安全　第2-63部分：商用电加热水过路和液体加热器的特殊要求
71	EN 60335-2-64:2000/A1:2002	Safety of household and similar electrical appliances—Part 2-64: Particular requirements for commercial electric kitchen machines	家用和类似用途电器的安全　第2-64部分：商用电动饮食加工机械的特殊要求
72	EN 60335-2-65:2003/A1:2008/A11:2012	Household and similar electrical appliances—Safety—Part 2-65: Particular requirements for air-cleaning appliances	家用和类似用途电器的安全　第2-65部分：空气净化器的特殊要求
73	EN 60335-2-66:2003/A2:2012	Household and similar electrical appliances—Safety—Part 2-66: Particular requirements for water-bed heaters	家用和类似用途电器的安全　第2-66部分：水床加热器的特殊要求
74	EN 60335-2-67:2012	Household and similar electrical appliances—Safety—Part 2-67: Particular requirements for floor treatment and floor cleaning machines for commercial use	家用和类似用途电器的安全　第2-67部分：工业和商用地板处理机与地面清洗机的特殊要求
75	EN 60335-2-68:2012	Household and similar electrical appliances—Safety—Part 2-68: Particular requirements for spray extraction machines for commercial use	家用及类似用途电器的安全　第2-68部分：工业和商用喷雾抽吸器具的特殊要求
76	BS EN 60335-2-69:2012	Household and similar electrical appliances—Safety—Particular requirements for wet and dry vacuum cleaners, including power brush, for commercial use	家用和类似用途电器的安全　第2-69部分：工业和商用带动力刷的湿或干吸尘器的特殊要求

附表3（续）

序号	标准编号	英文名称	中文名称
77	EN 60335-2-70:2002/A1:2007	Household and similar electrical appliances—Safety—Part 2-70: Particular requirements for milking machines	家用和类似用途电器的安全　第2-70部分：挤奶机的特殊要求
78	EN 60335-2-71:2003/A1:2007	Household and similar electrical appliances—Safety—Particular requirements for electrical heating appliances for breeding and rearing animals	家用和类似用途电器的安全　第2-71部分：动物繁殖和饲养用电加热器的特殊要求
79	BS EN 60335-2-72:2012	Household and similar electrical appliances. Safety. Particular requirements for automatic machines for floor treatment for commercial use	家用和类似用途电器的安全　第2-72部分：商业和工业用自动地板处理机的特殊要求
80	EN 60335-2-73:2003/A1:2006/A2:2009	Household and similar electrical appliances—Safety—Part 2-73: Particular requirements for fixed immersion heaters	家用和类似用途电器的安全　第2-73部分：固定浸入式加热器的特殊要求
81	EN 60335-2-74:2003/A1:2006/A2:2009	Household and similar electrical appliances—Safety—Part 2-74: Particular requirements for portable immersion heaters	家用和类似用途电器的安全　第2-74部分：便携浸入式加热器的特殊要求
82	EN 60335-2-75:2004/A1:2005/A2:2008/A11:2006/A12:2010	Household and similar electrical appliances—Safety—Part 2-75: Particular requirements for commercial dispensing appliances and vending machines	家用和类似用途电器的安全　第2-75部分：商用售卖机的特殊要求
83	BS EN 60335-2-76:2005+A1:2006/A12:2010/A11:2008/A12:2010	Household and similar electrical appliances—Safety—Part 2-76: Particular requirements for electric fence energizers	家用和类似用途电器的安全　第2-76部分：电围栏激励器的特殊要求
84	EN 60335-2-77:2010	Safety of household and similar appliances—Part 2-77: Particular requirements for pedestrian-controlled walk-behind electrically powered lawn mowers	家用和类似用途电器的安全　第2-77部分：步行控制的电动割草机的特殊要求
85	EN 60335-2-78:2003/A1:2008	Household and similar electrical appliances—Safety—Part 2-78: Particular requirements for outdoor barbecues	家用和类似用途电器的安全　第2-78部分：户外烤肉架的特殊要求
86	BS EN 60335-2-79:2012	Household and similar electrical appliances—Safety—Particular requirements for high pressure cleaners and steam cleaners	家用和类似用途电器的安全　第2-78部分：工业和商用高压清洁器与蒸汽清洁器的特殊要求
87	EN 60335-2-80:2003/A1:2004/A2:2009	Household and similar electrical appliances—Safety—Part 2-80: Particular requirements for fans	家用和类似用途电器的安全　第2-80部分：风扇的特殊要求

附表3（续）

序号	标准编号	英文名称	中文名称
88	EN 60335-2-81:2003/A1:2007/A2:2012	Household and similar electrical appliances—Safety—Part 2-81: Particular requirements for foot warmers and heating mats	家用和类似用途电器的安全　第2-81部分：暖脚器和加热垫的特殊要求
89	EN 60335-2-82:2003/A1:2008	Household and similar electrical appliances—Safety—Part 2-82: Particular requirements for amusement machines and personal service machines	家用和类似用途电器的安全　第2-82部分：服务和娱乐器具的特殊要求
90	EN 60335-2-83:2002/A1:2008	Household and similar electrical appliances—Safety—Part 2-83: Particular requirements for heated gullies for roof drainage IEC 60335-2-83:2001	家用和类似用途电器的安全　第2-83部分:屋顶排水用加热排水槽的特殊要求
91	EN 60335-2-84:2003/A1:2008	Household and similar electrical appliances—Safety—Part 2-84: Particular requirements for toilets	家用和类似用途电器的安全　第2-84部分：座便器的特殊要求.
92	EN 60335-2-85:2003/A1:2008	Household and similar electrical appliances—Safety—Part 2-85: Particular requirements for fabric steamers	家用和类似用途电器的安全　第2-85部分：织物蒸汽机的特殊要求
93	EN 60335-2-86:2003/A1:2005	Household and similar electrical appliances—Safety—Part 2-86: Particular requirements for electric fishing machines	家用和类似用途电器的安全　第2-86部分：电捕鱼器的特殊要求
94	EN 60335-2-87:2002/A1:2007	Household and similar electrical appliances—Safety—Part 2-87: Particular requirements for electrical animal-stunning equipment IEC 60335-2-87:2002	家用和类似用途电器的安全　第2-87部分：电击动物设备的特殊要求
95	EN 60335-2-88:2002	Household and similar electrical appliances—Safety—Part 2-88: Particular requirements for humidifiers intended for use with heating, ventilation, or air-conditioning systems	家用和类似用途电器的安全　第2-88部分：带加热通风或空调系统的加湿器的特殊要求
96	EN 60335-2-89:2010	Household and similar electrical appliances—Safety—Part 2-89: Particular requirements for commercial refrigerating appliances with an incorporated or remote refrigerant condensing unit or compressor	家用和类似用途电器的安全　第2-89部分：带嵌装或远置式制冷剂冷凝装置或压缩机的商用制冷器具的特殊要求
97	EN 60335-2-90:2006/A1:2010	Household and similar electrical appliances. Safety. Particular requirements for commercial microwave ovens	家用和类似用途电器的安全　第2-90部分：商用微波炉的特殊要求

附表3（续）

序号	标准编号	英文名称	中文名称
98	BS EN 60335-2-91:2003	Specification for safety of household and similar electrical appliances—Particular requirements for walk-behind and hand-held lawn trimmers and lawn edge trimmers	家用和类似用途电器的安全 手扶和手持式草坪修整机及草坪修边机的特殊要求
99	DIN EN 60335-2-92:2006	Household and similar electrical appliances—Safety—Part 2-92: Particular requirements for pedestrian-controlled mains-operated lawn scarifiers and aerators	家用和类似用途电器的安全 第2-92部分：脚踏控制的交流供电草坪松土机和松砂机的特殊要求
100	EN 60335-2-94:2002	Household and similar electrical appliances—Safety—Part 2-94: Particular requirements for scissors type grass shears	家用和类似用途电器的安全 第2-94部分：剪刀型草剪的特殊要求
101	EN 60335-2-95:2004	Household and similar electrical appliances—Safety—Part 2-95: Particular requirements for drives for vertically	家用和类似用途电器的安全 第2-95部分：住宅用垂直移动汽车库
102	EN 60335-2-96:2002/A1:2004/A2:2009	Household and similar electrical appliances—Safety—Part 2-96: Particular requirements for flexible sheet heating elements for room heating	家用和类似用途电器的安全 第2-96部分：房间加热用软板式加热元件的特殊要求
103	EN 60335-2-97:2006/A2:2010/A11:2008 / A2:2010	Household and similar electrical appliances—Safety—Part 2-97: Particular requirements for drives for rolling shutters, awnings, blinds and similar equipment	家用和类似用途电器的安全 第2-97部分：卷帘百叶门窗、遮阳篷、遮帘和类似设备的驱动装置的特殊要求
104	EN 60335-2-98:2003/A1:2005/A2:2008	Household and similar electrical appliances—Safety—Part 2-98: Particular requirements for humidifiers	家用和类似用途电器的安全 第2-98部分：加湿器的特殊要求
105	EN 60335-2-99:2003	Household and similar electrical appliances—Safety—Part 2-99: Particular requirements for commercial electric hoods （IEC 60335-2-99:2003）	家用和类似用途电器的安全 第2-99部分：商用电动抽油烟机的特殊要求
106	EN 60335-2-100:2002	Household and similar electrical appliances—Safety—Part 2-100: Particular requirements for hand-held mains-operated garden blowers, vacuums and blower vacuums	家用和类似用途电器的安全 第2-100部分：手持式电动园艺用吹屑机、吸屑机及吹吸两用机的特殊要求
107	EN 60335-2-101:2002/A1:2008/A2:2014	Household and similar electrical appliances—Safety—Part 2-101: Particular requirements for vaporizers	家用和类似用途电器的安全 第2-101部分：蒸发器的特殊要求

附表3（续）

序号	标准编号	英文名称	中文名称
108	EN 60335-2-102:2006/A1:2010	Household and similar electrical appliances—Safety—Part 2-102: Particular requirements for gas, oil and solid-fuel burning appliances having electrical connections	家用和类似用途电器的安全　第2-102部分：带有电气连接的使用燃气、燃油和固体燃料器具的特殊要求
109	EN 60335-2-103:2003/A11:2009	Household and similar electrical appliances—Safety—Part 2-103: Particular requirements for drives for gates, doors and windows	家用和类似用途电器的安全　第2-103部分：闸门、房门和窗的驱动装置的特殊要求
110	EN 60335-2-105:2005/A1:2008/A11:2010	Household and similar electrical appliances—Safety—Part 2-105: Particular requirements for multifunctional shower cabinets	家用和类似用途电器的安全　第2-105部分：多功能淋浴房的特殊要求
111	EN 60335-2-106:2007	Household and similar electrical appliances—Safety—Part 2-106: Particular requirements for heated carpets and for heating units for room heating installed under removable floor coverings	家庭和类似用途电器的安全　第2-106部分：安装在地板覆盖物下方的用于加热房间的电热地毯和电热装置的特殊要求
112	EN 60335-2-108:2008	Household and similar electrical appliances—Safety—Part 2-108: Particular requirements for electrolysers	家用和类似用途电器的安全　第2-108部分：电解槽的特殊要求
113	EN 60335-2-109:2010	Household and similar electrical appliances—Safety—Part 2-109: Particular requirements for UV radiation water treatment appliances	家用和类似用途电器的安全　第2-109部分：紫外线辐射水处理器的特殊要求
114	EN 61770:2009/AC:2011	Electric appliances connected to the water mains—Avoidance of backsiphonage and failure of hose-sets	与水源连接的电器　避免虹吸和软管组件失效
115	EN 62115:2005/A11:2012/AC:2013	Electric toys—Safety	电玩具的安全
116	EN 62233:2008	Measurement methods for electromagnetic fields of household appliances and similar apparatus with regard to human exposure	家用和类似用途电器关于人体暴露的电磁兼容测试方法
117	PD CEN/TR 14739:2004	Scheme for carrying out a risk assessment for flammable refrigerants in case of household refrigerators and freezers	家用冰箱和冷藏箱中可燃制冷剂的风险评估方案

附表4 美国标准汇总表

序号	标准编号	英文题名	中文名称
1	UL 60335-1-2011	Standard for safety of household and similar electrical appliances- Part 1: General requirements	家用和类似用途电器安全标准 第1部分：一般要求
2	UL45-2009	Portable elctric tools	便携式电动工具
3	UL73-2012	Standard for Motor-Operated Appliances	电驱动器具
4	UL82-2011	Standard for Electric Gardening Appliances	电动园林器具
5	UL103-2012	Standard for Factory-Built Chimneys for Residential Type and Building Heating Appliances	工厂制住宅用烟道和建筑加热器
6	UL 130-2011	Electric heating pads	电热垫
7	UL 136-2010	Pressure cookers	压力锅
8	UL141-2011	Standard for Garment Finishing Appliances	缝纫机标准
9	UL174-2012	Standard for Household Electric Storage Tank Water Heaters	家用储水式电热水器
10	UL197-2011	Standard for Commercial Electric Cooking Appliances	商用烹饪器具标准
11	UL 207-2009	Standard for Safety Refrigerant Containing Components and Accessories	非电气类包含制冷剂的元件和附件
12	UL250-2007	Household Refrigerators and Freezers	家用冷藏冷冻箱标准
13	UL250A-2007	Household Refrigerators and Freezers for marine Use	船用家用冷藏冷冻箱
14	UL 252-2010	Standard for Safety of Compressed Air Regulator	压缩气体调节器
15	UL 252A-2010	Standard for Safety of Compressed Air Regulator Accessories	压缩气体调节器附件
16	UL 283-2011	Air Fresheners and Deodorizers	空气清新器和除臭器
17	UL307B-2008	Standard for Gas-Burning Heating Appliances For Manufactured Homes and Recreational Vehicles	家用和旅游车用气体加热器具
18	UL325-2012	Door,Drapry,Gate,Louver and Window Operators and System	门、帷幔、闸门、百叶窗的开关器及开关装置
19	UL343-2007	Standard for Pumps for Oil-Burning Appliances	用于燃油设备的泵

附表4（续）

序号	标准编号	英文题名	中文名称
20	UL 399-2012	Drinking-water coolers	饮用水冷却器
21	UL427-2013	Standard for Safety Refrigerating Units	制冷装置
22	UL471-2012	Standard for Safety Commercial Refrigerators and Freezers	商业电冰箱和冷冻机
23	UL 474-2012	Dehumidifiers	除湿机
24	UL484-2012	Standard for Safety Room Airconditioners	房间空调器
25	UL499-2013	Standard for Electric Heating Appliances	电加热器具
26	UL 507-2012	UL Standard for Safety Electric Fans	电扇
27	UL 561 -2011	UL Standard for Safety Floor-Finishing Machines	地板整修机
28	UL 563-2011	Ice Makers	制冰机
29	UL 574-2009	Electric Oil Heaters	电燃油加热器
30	UL 621-2010	Ice Cream Makers	冰激淋机
31	UL 647-2007	UL Standard for Safety Unvented Kerosene-Fired Room Heaters and Portable Heaters	无通风装置燃煤油房间加热器和便携式加热器
32	UL 696-2010	Electric Toys	电动玩具
33	UL 697-2012	Toy Transformers	玩具变压器
34	UL 705 -2012	UL Standard for Safety Power Ventilators	电动通风机
35	UL 710-2012	UL Standard for Safety Exhaust Hoods for Commercial Cooking Equipment	商用烹饪设备用排风罩
36	UL732-2005	Oil-Fired Storage Tank Water Heaters	燃油储槽热水器
37	UL 745-2007	Standard for Safety for Portable Electric Tools	便携式电动工具的安全
38	UL 745-1-2007		便携式电动工具的安全.第1部分：一般要求
39	UL 745-2-35-2007	UL Standard for Safety Particular Requirements for Drain Cleaners Second Edition	排水式清洁器的特殊要求

附表4（续）

序号	标准编号	英文题名	中文名称
40	UL 745-4-35-2007	UL Standard for Safety Particular Requirements for Battery-Operated Drain Cleaners	蓄电池供电的污水清洁器用安全特殊要求
41	UL749-2013	Household Dishwashers	家用洗碗机
42	UL 751-2012	Standard for Safety for Vending Machines	自动售货机的安全
43	UL762-2010	Ower Roof Ventilators for Restaurant Exhaust Appliances	用于餐馆排气的电屋顶通风设施器具
44	UL 763-2012	Standard for Safety for Motor-Operated Commercial Food Preparing Machines	电动商用食品准备机器的安全
45	UL778-2012	Standard for Safety Motor-Operared Water Pump	电动机水泵的安全
46	UL796-2012	Standard Forsafety Printed-Wiring Boards	印制线路板
47	UL826-2009	Standard for Household Electric Clocks	家用电钟
48	UL858-2012	Standard for Household Electric Ranges	家用电灶
49	UL858A-2012	Standard for Safety-Related Solid-State Controls for Household Electric Ranges	家用电灶固体控制器相关安全
50	UL859-2012	Standard for Household Electric Personal Grooming Appliances	家庭个人修饰用电器
51	UL863-2007	Standard for Time-Indicating and -Recording Appliances	时间显示和记录器具的安全
52	UL 875 -2011	UL Standard for Safety Electric Dry-Bath Heaters	电干浴采暖器
53	UL 867 -2013	Electrostatic Air Cleaners	静电式空气净化器
54	UL 921-2012	Commercial Dishwashers	商用洗碗机
55	UL923-2008	Standard for Microwave Cooking Appliances	厨用微波炉器具
56	UL962-2008	Standard for Household and Commercial Furnishings	家用和商用设备
57	UL 964 -2007	Electrically Heated Bedding	电热褥
58	UL969-2008	Standard for Safety Marking and Labeling System	标志和标签系统
59	UL979-2007	Standard for Water Treatment Appliances	水处理器具
60	UL982-2009	Standard for Motor-Operated Household Food Preparing Machines	家用电动食物处理器

附表4（续）

序号	标准编号	英文题名	中文名称
61	UL 984-2007	Standard for Safety Hemetic Refrigerant Motor-Compressor	密封制冷电动压缩机
62	UL987-2011	Stationary Electric Tools	固定式电动工具
63	UL 998-2011	Humidifiers	加湿器
64	UL 1004-2012	Electric Motors	电动机
65	UL 1005-2004	Electric Flatirons	电熨斗
66	UL1017-2010	Vacuum Cleaners, Blower Cleaners, and Household Floor Finishing Machines	真空吸尘器、鼓风清洁器和家用地板整理机
67	UL 1018 -2007	Electric Aquarium Equipment	电动鱼缸设备
68	UL1023-2009	Standard for Household Burglar-Alarm System Units	家庭防盗报警系统
69	UL1026-2012	Standard for Electric Household Cooking and Food Serving Appliances	家用烹饪和食物加工器具
70	UL1028-2011	Standard for Hair Clipping and Shaving Appliances	剪发和剃须器具
71	UL1030-2009	Sheathed Heating Elements	铠装加热元件
72	UL 1042 -2013	UL Standard for Safety Electric Baseboard Heating Equipment	电壁板供暖设备安全
73	UL1075-2007	Standard for Gas-Fired Cooking Appliances for Recreational Vehicles	旅游车用燃气烹饪器具
74	UL1081-2013	Swimming Pool Pump,Filter and Chlorinators	游泳池水泵、过滤器和加氯杀菌器
75	UL1082-2011	Standard for Household Electric Coffee Makers and Brewing-Type Appliances	家用咖啡制作和酿造器具
76	UL1083-2011	Household Electric Skillets and Frying-Type Appliances	家用长柄平底煎锅和油炸器具
77	UL1086-2010	Standard for Household Trash Compactors	家用废物处理器
78	UL1090-2012	Electrical Snow Movers	电动扫雪机
79	UL 1206-2012	UL Standard for Safety Electric Commercial Clothes-Washing Equipment ALL	电动商用洗衣设备安全
80	UL 1236-2011	Standard for Safety Battery Charges for Charging Engine-Starter Battery	给发动机启动电池充电的电池充电器的安全
81	UL 1240-2012	UL Standard for Safety Electric Commercial Clothes-Drying Equipment	商用电干衣设备

附表4（续）

序号	标准编号	英文题名	中文名称
82	UL 1261-2004	UL Standard for Safety Electric Water Heaters for Pools and Tubs Fifth Edition	浴池和浴盆用电热水器
83	UL1278-2014	Standard for Safety Movable Wall or Ceiling-Hung Electric Room Heater	可移动式、壁挂或顶挂的电加热器
84	UL1370-2011	Standard for Unvented Alcohol Fuel Burning Decorative Appliances	不通风的酒精燃料装饰器具标准
85	UL1431-2011	Standard for Personal Hygiene and Health Care Appliances	个人卫生健康护理器具
86	UL1448-2001	Electric Hedge Trimmers	电动树篱修整器
87	UL1450-2012	Standard for Safety Motor-Operated Air Compressor, Vacuum Pump, and Painting Equipment	电动空气压缩机、真空泵和喷漆设备
88	UL 1453-2011	UL Standard for Safety Electric Booster and Commercial Storage Tank Water Heaters	电动增压器和商业贮水式水加热器
89	UL 1482-2011	Solid-Fuel Type Room Heaters	固体燃料型房间加热器
90	UL 1559-2011	Insect-Control Equipment—Electrocution Type	昆虫控制设备.触电死亡型
91	UL 1563 -2012	UL Standard for Safety Electric Spas, Equipment Assemblies, and Associated Equipment	电气Spas设备、设备组件以及辅助设备安全
92	UL 1594-2008	Sewing and Cutting Machine	缝纫和裁剪机械
93	UL 1647-2012	Standard for Safety for Motor-Operated Massage and Exercise Machines	电动按摩器及健身器材安全
94	UL1693-2007	Standard For Safety Radiant Heating Panels And Heating Panels Set	辐射电加热板及加热板组
95	UL1727-2012	Standard for Commercial Electric Personal Grooming ppliances	商用个人修饰器具
96	UL1776-2013	Standard for Safety High-Pressure Cleaning Machine	高压清洗机
97	UL1889-2009	Commercial Filter for Cooking Oil	烹调油商用过滤器
98	UL2007B-2007	Hygienic Design and Construction of Residential Food Heating and Cooking Appliances	住宅用食物加热和烹饪器具的卫生设计和生产
99	UL 2021-2013	UL Standard for Safety Fixed and Location-Dedicated Electric Room Heaters Second	固定的和定位专用的房间电加热器

附表4（续）

序号	标准编号	英文题名	中文名称
100	UL2054-2007	Standard for Household and Commercial Batteries	家用和商用电池
101	UL 2158-2009	Standard for Safety for Electric Clothes Washing Machines and Extractors	电动洗衣机和甩干机的安全
102	UL 2158a -2007	UL Standard for Safety Electric Clothes Dryers	电动干衣机
103	UL2112-2009	Venting Systems for Use with Gas-Fired Direct Vent Appliances	使用燃气直接排放器具的排气系统
104	UL 2157-2004	Electric Clothes Washing Machines and Extractors	电动洗衣机和脱水机
105	BSR/UL 2316-200×	Industrial Cleaning Machines	工业用清洁机
106	UL2395-2002	Standard for Adhesives for Use in Heating and Cooling Appliances to Secure Thermal Insulation	用于加热和冷却器具，以保护热绝缘的粘合剂
107	UL2399-2007	Metal Venting Systems for Household Clothes Dryers	家用干衣机的金属排气系统
108	UL2523-2013	Standard for Solid Fuel-Fired Hydronic Heating Appliances, Water Heaters, And Boilers	固体燃料、燃气循环加热器具，水加热器、锅炉
109	UL2575-2012	Standard for Lithium Ion Battery Systems for Use in Electric Power Tool and Motor Operated, Heating and Lighting Appliances	用于电动工具和电机驱动的加热和照明器具的锂离子电池系统
110	UL60335-2-3-2013	Standard for Safety of Household and Similar Electrical Appliances, Part 2: Particular Requirements for Electric Irons	家用和类似用途器具的安全　第2部分：电熨斗的特殊要求
111	UL60335-2-8-2012	Standard for Safety for Household and Similar Electrical Appliances, Part 2: Particular Requirements for Shavers, Hair Clippers, and Similar Appliances	家用和类似用途器具的安全　第2部分：剃须刀、电推剪及类似器具的特殊要求
112	UL60335-2-24-2006	Safety Requirements for Household and Similar Electrical Appliances, Part 2: Particular Requirements for Refrigerating Appliances, Ice-Cream Appliances and Ice-Makers	家用和类似用途器具的安全　第2部分：制冷器具、冰激凌机和制冰机的特殊要求
113	UL60335-2-34-2013	Standard for Household and Similar Electrical Appliances, Part 2: Particular Requirements for Motor-Compressors	家用和类似用途器具的安全　第2部分：电机-压缩机的特殊要求
114	UL60335-2-40-2012	Household and Similar Electrical Appliances—Safety—Part 2-40: Particular Requirements for Electrical Heat Pumps, Air-Conditioners and Dehumidifiers	家用和类似用途电器的安全　第2部分：热泵、空调器和除湿机的特殊要求

附表5　日本标准汇总表

序号	标准编号	英文名称	中文名称
1	JIS C 9335-1:2014	Household and similar electrical appliances—Safety—Part 1: General requirements	家用和类似用途电器的安全　第1部分：通用要求
2	JIS C 9335-2-2:2004	Household and similar electrical appliances—Safety—Part 2-2: Particular requirements for vacuum cleaners and water-suction cleaning appliances	家用和类似用途电器的安全　第2-2部分：真空吸尘器和水吸清洁设备的特殊要求
3	JIS C 9335-2-3:2004	Household and similar electrical appliances—Safety—Part 2-3: Particular requirements for electric irons	家用和类似用途电器的安全　第2-3部分：电熨斗的特殊要求
4	JIS C 9335-2-4:2004	Household and similar electrical appliances—Safety—Part 2-4: Particular requirements for spin extractors	家用和类似用途电器的安全　第2-4部分：旋转脱水机的特殊要求
5	JIS C 9335-2-5:2004	Household and similar electrical appliances—Safety—Part 2-5: Particular requirements for dishwashers	家用和类似用途电器的安全　第2-5部分：洗碗机的特殊要求
6	JIS C 9335-2-6:2004	Household and similar electrical appliances—Safety—Part 2-6: Particular requirements for stationary cooking ranges, hobs, ovens and similar appliances	家用和类似用途电器的安全　第2-6部分：固定式炉灶、火炉搁架、烤箱和类似电器的特殊要求
7	JIS C 9335-2-7:2004	Household and similar electrical appliances—Safety—Part 2-7: Particular requirements for washing machine	家用和类似用途电器的安全　第2-7部分：洗衣机的特殊要求
8	JIS C 9335-2-8:2004	Household and similar electrical appliances—Safety—Part 2-8: Particular requirements for shavers, hair clippers and similar appliances	家用和类似用途电器的安全　第2-8部分：剃须刀、理发剪刀和类似工具的特殊要求
9	JIS C 9335-2-9:2004	Household and similar electrical appliances—Safety—Part 2-9: Particular requirements for toasters, grills, roasters and similar appliances	家用和类似用途电器的安全　第2-9部分：烤面包机、烤架、烘烤炉和类似电器的特殊要求
10	JISC 9335-2-10:2004	Household and similar electrical appliances—Safety—Part 2-10: Particular requirements for floor treatment machines and wet scrubbing machines	家用和类似用途电器的安全　第2-10部分：地板处理机械和湿擦洗器的特殊要求
11	JIS C 9335-2-11:2004	Household and similar electrical appliances—Safety—Part 2-11: Particular requirements for tumble dryers	家用和类似用途电器的安全　第2-11部分：滚筒式烘干机的特殊要求
12	JIS C 9335-2-12:2005	Household and similar electrical appliances—Safety—Part 2-12: Particular requirements for warming plates and similar appliances	家用和类似用途电器的安全　第2-12部分：保温板和类似器具的特殊要求

附表5（续）

序号	标准编号	英文名称	中文名称
13	JIS C 9335-2-13:2006	Household and similar electrical appliances—Safety—Part 2-13: Particular requirements for deep fat fryers, frying pans and similar appliances	家用和类似用途电器的安全　第2-13部分：深油煎锅、浅平底锅和类似器具的特殊要求
14	JIS C 9335-2-14:2005	Household and similar electrical appliances—Safety—Part 2-14: Particular requirements for kitchen machines	家用和类似用途电器的安全　第2-14部分：厨房机械的特殊要求
15	JIS C 9335-2-15:2004	Household and similar electrical appliances—Safety—Part 2-15: Particular requirements for appliances for heating liquids	家用和类似用途电器的安全　第2-15部分：液体加热器的特殊要求
16	JIS C 9335-2-16:2015	Household and similar electrical appliances—Safety—Part 2-16: Particular requirements for food waste disposers	家用和类似用途电器的安全　第2-16部分：废弃食物处理器的特殊要求
17	JIS C 9335-2-17:2005	Household and similar electrical appliances—Safety—Part 2-17 : Particular requirements for blankets, pads and similar flexible heating appliances	家用和类似用途电器的安全　第2-17部分：电热毯、电热垫及类似柔性发热器具的特殊要求
18	JIS C 9335-2-21:2005	Household and similar electrical appliances—Safety—Part 2-21: Particular requirements for storage water heaters	家用和类似用途电器的安全　第2-21部分：储水式热水器的特殊要求
19	JIS C 9335-2-23:2005	Household and similar electrical appliances—Safety—Part 2-23: Particular requirements for appliances for skin or hair care	家用和类似用途电器的安全　第2-23部分：皮肤及毛发护理器具的特殊要求
20	JIS C 9335-2-24:2005	Household and similar electrical appliances—Safety—Part 2-24: Particular requirements for refrigerating appliances, ice-cream appliances and ice-makers	家用和类似用途电器的安全　第2-24部分：制冷器具、冰淇淋机和制冰机的特殊要求
21	JIS C 9335-2-25:2003	Household and similar electrical appliances—Safety—Part 2-25: Particular requirements for microwave ovens, including combination microwave ovens	家用和类似用途电器的安全　第2-25部分：微波炉包括组合微波炉的特殊要求
22	JIS C 9335-2-26:2004	Household and similar electrical appliances—Safety—Part 2-26: Particular requirements for clocks	家用和类似用途电器的安全　第2-26部分：时钟的特殊要求
23	JIS C 9335-2-27:2005	Household and similar electrical appliances—Safety—Part 2-27: Particular requirements for appliances for skin exposure to ultraviolet and infrared radiation	家用和类似用途电器的安全　第2-27部分：紫外线和红外线辐射皮肤器具的特殊要求
24	JIS C 9335-2-28:2004	Household and similar electrical appliances—Safety—Part 2-28: Particular requirements for sewing machines	家用和类似用途电器的安全　第2-28部分：缝纫机的特殊要求

附表5（续）

序号	标准编号	英文名称	中文名称
25	JIS C 9335-2-29:2015	Household and similar electrical appliances—Safety—Part 2-29: Particular requirements for battery chargers	家用和类似用途电器的安全　第2-29部分：电池充电器的特殊要求
26	JIS C 9335-2-30:2006	Household and similar electrical appliances—Safety—Part 2-30: Particular requirements for room heaters	家用和类似用途电器的安全　第2-30部分：室内加热器的特殊要求
27	JIS C 9335-2-31:2005	Household and similar electrical appliances—Safety—Part 2-31: Particular requirements for range hoods	家用和类似用途电器的安全　第2-31部分：吸油烟机的特殊要求
28	JIS C 9335-2-32:2005	Household and similar electrical appliances—Safety—Part 2-32: Particular requirements for massage appliances	家用和类似用途电器的安全　第2-32部分：按摩器具的特殊要求
29	JIS C 9335-2-34:2004	Household and similar electrical appliances—Safety—Part 2-34: Particular requirements for motor-compressors	家用和类似用途电器的安全　第2-34部分：电动压缩机的特殊要求
30	JIS C 9335-2-35:2005	Household and similar electrical appliances—Safety—Part 2-35: Particular requirements for instantaneous water heaters	家用和类似用途电器的安全　第2-35部分：快热式热水器的特殊要求
31	JIS C 9335-2-36:2005	Household and similar electrical appliances—Safety—Part 2-36: Particular requirements for commercial electric cooking ranges, ovens, hobs and hob elements	家用和类似用途电器的安全　第2-36部分：商用电灶具、电烤箱、灶架及灶架元件的特殊要求
32	JIS C 9335-2-37:2005	Household and similar electrical appliances—Safety—Part 2-37: Particular requirements for commercial electric deep fat fryers	家用和类似用途电器的安全　第2-37部分：商用电深油炸锅的特殊要求
33	JIS C 9335-2-38:2005	Household and similar electrical appliances—Safety—Part 2-38: Particular requirements for commercial electric griddles and griddle grills	家用和类似用途电器的安全　第2-38部分：商用电烧烤盘和烧烤架的特殊要求
34	JIS C 9335-2-39:2005	Household and similar electrical appliances—Safety—Part 2-39: Particular requirements for commercial electric multi-purpose cooking pans	家用和类似用途电器的安全　第2-39部分：商用多用途电平锅的特殊要求
35	JIS C 9335-2-40:2004	Household and similar electrical appliances—Safety—Part 2-40: Particular requirements for electrical heat pumps, air-conditioners and dehumidifiers	家用和类似用途电器的安全　第2-40部分：热泵、空调器和除湿机的特殊要求
36	JIS C 9335-2-41:2006	Household and similar electrical appliances—Safety—Part 2-41: Particular requirements for pumps	家用和类似用途电器的安全第2-41部分：泵的特殊要求

附表5（续）

序号	标准编号	英文名称	中文名称
37	JIS C 9335-2-42:2005	Household and similar electrical appliances—Safety—Part 2-42: Particular requirements for commercial electric forced convection ovens, steam cookers and steam-convection ovens	家用和类似用途电器的安全　第2-42部分：商用电强制对流烤炉、蒸汽炊具和蒸汽对流炉的特殊要求
38	JIS C 9335-2-43:2005	Household and similar electrical appliances—Safety—Part 2-43: Particular requirements for clothes dryers and towel rails	家用和类似用途电器的安全　第2-43部分：干衣机和毛巾架的特殊要求
39	JIS C 9335-2-44:2006	Household and similar electrical appliances—Safety—Part 2-44: Particular requirements for ironers	家用和类似用途电器的安全　第2-44部分：电熨斗的特殊要求
40	JIS C 9335-2-45:2005	Household and similar electrical appliances—Safety—Part 2-45: Particular requirements for portable heating tools and similar appliances	家用和类似用途电器的安全　第2-45部分：便携式电热工具及其类似器具的特殊要求
41	JIS C 9335-2-47:2005	Household and similar electrical appliances—Safety—Part 2-47: Particular requirements for commercial electric boiling pans	家用和类似用途电器的安全　第2-47部分：商用电煮锅的特殊要求
42	JIS C 9335-2-48:2005	Household and similar electrical appliances—Safety—Part 2-48: Particular requirements for commercial electric grillers and toasters	家用和类似用途电器的安全　第2-48部分：商用电烤架和烤面包炉的特殊要求
43	JIS C 9335-2-49:2015	Household and similar electrical appliances—Safety—Part 2-49: Particular requirements for commercial electric hot cupboards	家用和类似用途电器的安全　第2-49部分：商用电热食品和陶瓷餐具保温器的特殊要求
44	JIS C 9335-2-50:2005	Household and similar electrical appliances—Safety—Part 2-50: Particular requirements for commercial electric bains-marie	家用和类似用途电器的安全　第2-50部分：商用电水浴保温器的特殊要求
45	JIS C 9335-2-51:2006	Household and similar electrical appliances—Safety—Part 2-51: Particular requirements for stationary circulation pumps for heating and service water installations	家用和类似用途电器的安全　第2-51部分：加热和供水装置固定循环泵的特殊要求
46	JIS C 9335-2-52:2005	Household and similar electrical appliances—Safety—Part 2-52: Particular requirements for oral hygiene appliances	家用和类似用途电器的安全　第2-52部分：口腔清洁器具的特殊要求
47	JIS C 9335-2-53:2015	Household and similar electrical appliances—Safety—Part 2-53: Particular requirements for sauna heating appliances	家用和类似用途电器的安全　第2-53部分：桑那浴加热器具的特殊要求

附表5（续）

序号	标准编号	英文名称	中文名称
48	JIS C 9335-2-54:2005	Household and similar electrical appliances—Safety—Part 2-54: Particular requirements for surface-cleaning appliances for household use employing liquids or steam	家用和类似用途电器的安全　第2-54部分：使用液体或蒸汽的家用表面清洁装置的特殊要求
49	JIS C 9335-2-55:2005	Household and similar electrical appliances—Safety—Part 2-55: Particular requirements for electrical appliances for use with aquariums and garden ponds	家用和类似用途电器的安全　第2-55部分：水族箱和花园水池用的电气装置的特殊要求
50	JIS C 9335-2-56:2005	Household and similar electrical appliances—Safety—Part 2-56: Particular requirements for projectors and similar appliances	家用和类似用途电器的安全　第2-56部分：投影仪和类似器具的特殊要求
51	JIS C 9335-2-58:2005	Household and similar electrical appliances—Safety—Part 2-58: Particular requirements for commercial electric dishwashing machines	家用和类似用途电器的安全　第2-58部分：商用电动洗碗机的特殊要求
52	JIS C 9335-2-59:2015	Household and similar electrical appliances—Safety—Part 2-59: Particular requirements for insect killers	家用和类似用途电器的安全　第2-59部分：杀虫器的特殊要求
53	JIS C 9335-2-60:2005	Household and similar electrical appliances—Safety—Part 2-60: Particular requirements for whirlpool baths	家用和类似用途电器的安全　第2-60部分：涡流浴缸和涡流水疗器具的特殊要求
54	JIS C 9335-2-61:2006	Household and similar electrical appliances—Safety—Part 2-61: Particular requirements for thermal storage room heaters	家用和类似用途电器的安全　第2-61部分：贮热式室内加热器的特殊要求
55	JIS C 9335-2-64:2005	Household and similar electrical appliances—Safety—Part 2-64: Particular requirements for commercial electric kitchen machines	家用和类似用途电器的安全　第2-64部分：商用电动饮食加工机械的特殊要求
56	JIS C 9335-2-65:2004	Household and similar electrical appliances—Safety—Part 2-65: Particular requirements for air-cleaning appliances	家用和类似用途电器的安全　第2-65部分：空气净化器的特殊要求
57	JIS C 9335-2-66:2005	Household and similar electrical appliances—Safety—Part 2-66: Particular requirements for water-bed heaters	家用和类似用途电器的安全　第2-66部分：水床加热器的特殊要求
58	JIS C 9335-2-67:2005	Household and similar electrical appliances—Safety—Part 2-67: Particular requirements for floor treatment and floor cleaning machines, for industrial and commercial use	家用和类似用途电器的安全　第2-67部分：商业和工业用地板清洁机和处理机的特殊要求

附表5（续）

序号	标准编号	英文名称	中文名称
59	JIS C 9335-2-71:2005	Household and similar electrical appliances—Safety—Part 2-71: Particular requirements for electrical heating appliances for breeding and rearing animals	家用和类似用途电器的安全　第2-71部分：动物繁殖和饲养用电加热器的特殊要求
60	JIS C 9335-2-73:2005	Household and similar electrical appliances—Safety—Part 2-73: Particular requirements for fixed immersion heaters	家用和类似用途电器的安全　第2-73部分：固定浸入式加热器的特殊要求
61	JIS C 9335-2-74:2005	Household and similar electrical appliances—Safety—Part 2-74: Particular requirements for portable immersion heaters	家用和类似用途电器的安全　第2-74部分：便携浸入式加热器的特殊要求
62	JIS C 9335-2-75:2004	Household and similar electrical appliances—Safety—Part 2-75: Particular requirements for commercial dispensing appliances and vending machines	家用和类似用途电器的安全　第2-75部分：商用售卖机的特殊要求
63	JIS C 9335-2-76:2005	Household and similar electrical appliances—Safety—Part 2-76: Particular requirements for electric fence energizers	家用和类似用途电器的安全　第2-76部分：电围栏激励器的特殊要求
64	JIS C 9335-2-77:2005+amd1:2012	Household and similar electrical appliances—Safety—Part 2-77: Particular requirements for pedestrian controlled mains-operated lawnmowers	家用和类似用途电器的安全　第2-77部分：步行控制的电动割草机的特殊要求
65	JIS C 9335-2-78:2005	Household and similar electrical appliances—Safety—Part 2-78: Particular requirements for outdoor barbecues	家用和类似用途电器的安全　第2-78部分：户外烤肉架的特殊要求
66	JIS C 9335-2-79:2007	Household and similar electrical appliances—Safety—Part 2-79: Particular requirements for high pressure cleaners and steam cleaners	家用和类似用途电器的安全　第2-79部分：工业和商用高压清洁器与蒸汽清洁器的特殊要求
67	JIS C 9335-2-80:2006	Household and similar electrical appliances—Safety—Part 2-80: Particular requirements for fans	家用和类似用途电器的安全　第2-80部分：风扇的特殊要求
68	JIS C 9335-2-81:2006	Household and similar electrical appliances—Safety—Part 2-81: Particular requirements for foot warmers and heating mats	家用和类似用途电器的安全　第2-81部分：暖脚器和热脚垫的特殊要求
69	JIS C 9335-2-82:2005	Household and similar electrical appliances—Safety—Part 2-82: Particular requirements for amusement machines and personal service machines	家用和类似用途电器的安全　第2-82部分：服务和娱乐器具的特殊要求
70	JIS C 9335-2-83:2015	Household and similar electrical appliances—Safety—Part 2-83: Particular requirements for heated gullies for roof drainage	家用和类似用途电器的安全　第2-83部分：屋顶排水用加热排水槽的特殊要求

附表5（续）

序号	标准编号	英文名称	中文名称
71	JIS C 9335-2-84:2011	Household and similar electrical appliances—Safety—Part 2-84: Particular requirements for appliances used with toilets	家用和类似用途电器的安全　第2-84部分：坐便器的特殊要求
72	JIS C 9335-2-85:2005	Household and similar electrical appliances—Safety—Part 2-85: Particular requirements for fabric steamers	家用和类似用途电器的安全　第2-85部分：织物蒸汽机的特殊要求
73	JIS C 9335-2-88:2006	Household and similar electrical appliances—Safety—Part 2-88: Particular requirements for humidifiers intended for use with heating, ventilation, or air-conditioning systems	家用和类似用途电器的安全　第2-88部分：与加热、通风或空调系统一起使用的加湿器的特殊要求
74	JIS C 9335-2-89:2005	Household and similar electrical appliances—Safety—Part 2-89: Particular requirements for commercial refrigerating appliances with an incorporated or remote refrigerant condensing unit or compressor	家用和类似用途电器的安全　第2-89部分：带嵌装或远置式制冷剂冷凝装置或压缩机的商用制冷器具的特殊要求
75	JIS C 9335-2-90:2003	Household and similar electrical appliances—Safety—Part 2-90: Particular requirements for commercial microwave ovens	家用和类似用途电器的安全　第2-90部分：商用微波炉的特殊要求
76	JIS C 9335-2-91:2005	Household and similar electrical appliances—Safety—Part 2-91: Particular requirements for walk-behind and hand-held lawn trimmers and lawn edge trimmers	家用和类似用途电器的安全　第2-91部分：步行式和手持式草坪修整机、草坪修边机的特殊要求
77	JIS C 9335-2-92:2005	Household and similar electrical appliances—Safety—Part 2-92: Particular requirements for pedestrian-controlled mains-operated lawn scarifiers and aerators	家用和类似用途电器的安全　第2-92部分：脚踏交流供电草地松土机和通气机的特殊要求
78	JIS C 9335-2-94:2005+amd:2012	Household and similar electrical appliances—Safety—Part 2-94: Particular requirements for scissors type grass shears	家用和类似用途电器的安全　第2-94部分：步行控制的电动草坪松土机和松砂机的特殊要求
79	JIS C 9335-2-96:2005	Household and similar electrical appliances—Safety—Part 2-96: Particular requirements for flexible sheet heating elements for room heating	家用和类似用途电器的安全　第2-96部分：房间加热用软片式加热元件的特殊要求
80	JIS C 9335-2-98:2006	Household and similar electrical appliances—Safety—Part 2-98: Particular requirements for humidifiers	家用和类似用途电器的安全　第2-98部分：加湿器的特殊要求
81	JIS C 9335-2-100:2007	Household and similar electrical appliances—Safety—Part 2-100: Particular requirements for hand-held mains-operated garden blowers, vacuums and blower vacuums	家用和类似用途电器的安全　第2-100部分：手持式电动园艺用吹屑机、吸屑机及吹吸两用机的特殊要求

附表5（续）

序号	标准编号	英文名称	中文名称
82	JIS C 9335-2-101:2011	Household and similar electrical appliances—Safety—Part 2-101: Particular requirements for vaporizers	家用和类似用途电器的安全　第2-101部分：蒸发器的特殊要求
83	JIS C 9335-2-102:2007	Household and similar electrical appliances—Safety—Part 2-102: Particular requirements for gas, oil and solid-fuel burning appliances having electrical connections	家用和类似用途电器的安全　第2-102部分：带有电气连接的使用燃气、燃油和固体燃料器具的特殊要求
84	JIS C 9335-2-105:2007	Household and similar electrical appliances—Safety—Part 2-105: Particular requirements for multifunctional shower cabinets	家用和类似用途电器的安全　第2-105部分：多功能淋浴房的特殊要求
85	JIS C 9335-2-201:1998	Safety of household and similar electrical appliances—Part 2: Particular requirements for electric heating carpet	家用和类似用途电器的安全　第2部分：电热毯的特殊要求
86	JIS C 9335-2-202:2009	Household and similar electrical appliances—Safety—Part 2: Particular requirements for electric KOTATU	家用和类似用途电器的安全　第2部分：电气KOTATU的特殊要求
87	JIS C 9335-2-203:2009	Household and similar electrical appliances—Safety—Part 2-203: Particular requirements for electric ANKA	家用和类似用途电器的安全　第2-203部分：电动ANKA的特殊要求
88	JIS C 9335-2-204:2000 + amd1:2006	Safety of household and similar electrical appliances—Part 2-204: Particular requirements for heating mats and boards	家用和类似用途电器的安全　第2-204部分：加热垫和板的特殊要求
89	JIS C 9335-2-206:2000 + amd 1:2006	Safety of household and similar electrical appliances—Part 2-206: Particular requirements for Dryers for miscellaneous items（Amendment 1）	家用和类似用途电器的安全　第2-206部分：杂物干燥机的特殊要求
90	JIS C 9335-2-207:2007	Safety of household and similar electrical appliances—Part 2-207: Particular requirements for electrolyzed water producing appliances	家用和类似用途电器的安全　第2-207部分：电解水生产设备的特殊要求
91	JIS C 9335-2-208:2000+ amd1:2006	Safety of household and similar electrical appliances—Part 2-208: Particular requirements for Appliances using peltier effet（Amendment1）	家用和类似用途电器的安全　第2-208部分：使用帕尔贴器具的特殊要求
92	JIS C 9335-2-209:2009	Safety of household and similar electrical appliances—Part 2-209: Particular requirements for electric therapy apparatus for home use	家用和类似用途电器的安全　第2-209部分：家用电子理疗仪的特殊要求
93	JIS C 9335-2-210:2007	Safety of household and similar electrical appliances—Part 2-210: Particular requirements for electromagnetic induction therapy apparatus for home use	家用和类似用途电器的安全　第2-210部分：家用电磁感应理疗仪的特殊要求

附表5（续）

序号	标准编号	英文名称	中文名称
94	JIS C 9335-2-211:2007	Safety of household and similar electrical appliances—Part 2-211: Particular requirements for heat therapy apparatus for home use	家用和类似用途电器的安全　第2-211部分：家用热理疗仪的特殊要求
95	JIS C9335-2-212-2007	Safety of household and similar electrical appliances—Part 2-212: Particular requirements for vaporizer for home use	家用和类似用途电器的安全　第2-212部分：家用汽化器的特殊要求
96	JIS C 9745-2-11:2009	Hand-held motor-operated electric tools—Safety—Part 2-11: Particular requirements for reciprocating saws（jig and sabre saws）	手持式电动工具的安全　2-11部分　往复锯的特殊要求
97	JIS C 9745-2-12:2009	Hand-held motor-operated electric tools—Safety—Part 2-12: Particular requirements for concrete vibrators	手持式电动工具的安全　2-12部分　混凝土振动机的特殊要求
98	JIS C 9745-2-13:2000	Safety of hand-held motor-operated electric tools—Part 2-13: Particular requirements for chain saws	手持式电动工具的安全　2-13部分　链锯的特殊要求
99	JIS C 9745-2-14:2009	Hand-held motor-operated electric tools—Safety—Part 2-14: Particular requirements for planers	手持式电动工具的安全　2-14部分　刨的特殊要求
100	JIS C 9745-2-15:2000	Safety of hand-held motor-operated electric tools—Part 2-15: Particular requirements for hedge trimmers and grass shears	手持式电动工具的安全　2-15部分　链锯的特殊要求
101	JIS C 9745-2-16:2000	Safety of hand-held motor-operated electric tools—Part 2-16: Particular requirements for tackers	手持式电动工具的安全　2-16部分 绿篱剪边器和剪草机份特殊要求
102	JIS C 9745-2-17:2009	Hand-held motor-operated electric tools—Safety—Part 2-17: Particular requirements for routers and trimmers	手持式电动工具的安全　2-17部分　刻纹机和修剪机的特殊要求
103	JIS C 9745-2-18:2009	Hand-held motor-operated electric tools—Safety—Part 2-18: Particular requirements for strapping tools	手持式电动工具的安全　2-18部分　打包机的特殊要求
104	JIS C 9745-2-19:2009	Hand-held motor-operated electric tools—Safety—Part 2-19: Particular requirements for jointers	手持式电动工具的安全　2-19部分　焊接机的特殊要求
105	JIS C 9745-2-20:2009	Hand-held motor-operated electric tools—Safety—Part 2-20: Particular requirements for band saws	手持式电动工具的安全　2-20部分　带锯的特殊要求
106	JIS C 9745-2-21:2009	Hand-held motor-operated electric tools—Safety—Part 2-21: Particular requirements for drain cleaners	手持式电动工具的安全　2-21部分　排水沟清洁器的特殊要求

附表6　澳大利亚和新西兰标准汇总表

序号	标准编号	标准英文名称
1	AS/NZS 60335.1:2011	Household and similar electrical appliances—Safety—General requirements
2	AS/NZS 60335.2.2:2010	Household and similar electrical appliances—Safety—Particular requirements for vacuum cleaners and water-suction cleaning appliances
3	AS/NZS 60335.2.3:2012	Household and similar electrical appliances—Safety—Particular requirements for electric irons
4	AS/NZS 60335.2.4:2010	Household and similar electrical appliances—Safety—Particular requirements for spin extractors
5	AS/NZS 60335.2.6:2014	Household and similar electrical appliances—Safety—Particular requirements for stationary cooking ranges, hobs, ovens and similar appliances
6	AS/NZS 60335.2.7:2012	Household and similar electrical appliances—Safety—Particular requirements for washing machines
7	AS/NZS 60335.2.8:2013	Household and similar electrical appliances—Safety—Particular requirements for shavers, hair clippers and similar appliances
8	AS/NZS 60335.2.9:2014	Household and similar electrical appliances—Safety—Particular requirements for grills, toasters and similar appliances
9	AS/NZS 60335.2.10:2006	Household and similar electrical appliances—Safety—Particular requirements for floor treatment machines and wet scrubbing machines
10	AS/NZS 60335.2.11:2009	Household and similar electrical appliances—Safety—Particular requirements for tumble dryers
11	AS/NZS 60335.2.12:2004	Household and similar electrical appliances—Safety—-Particular requirements for warming plates and similar appliances
12	AS/NZS 60335.2.13:2010	Household and similar electrical appliances—Safety—Particular requirements for deep fat fryers, frying pans and similar appliances
13	AS/NZS 60335.2.14:2013	Household and similar electrical appliances—Safety—Particular requirements for kitchen machines
14	AS/NZS 60335.2.15:2013	Household and similar electrical appliances—Safety—Particular requirements for appliances for heating liquids
15	AS/NZS 60335.2.16:2012	Household and similar electrical appliances—Safety—Particular requirements for food waste disposers
16	AS/NZS 60335.2.17:2012	Household and similar electrical appliances—Safety—Particular requirements for blankets, pads, clothing and similar flexible heating appliances
17	AS/NZS 60335.2.21:2013	Household and similar electrical appliances—Safety—Particular requirements for storage water heaters
18	AS/NZS 60335.2.23:2012	Household and similar electrical appliances—Safety—Particular requirements for appliances for skin or hair care

附表6（续）

序号	标准编号	标准英文名称
19	AS/NZS 60335.2.24:2010	Household and similar electrical appliances—Safety—Particular requirements for refrigerating appliances, ice-cream appliances and ice-makers
20	AS/NZS 60335.2.25:2011	Household and similar electrical appliances—Safety—Particular requirements for microwave ovens including combination microwave ovens
21	AS/NZS 60335.2.26:2006	Household and similar electrical appliances—Safety—Particular requirements for clocks
22	AS/NZS 60335.2.27:2010	Household and similar electrical appliances—Safety—Particular requirements for appliances for skin exposure to ultraviolet and infrared radiation
23	AS/NZS 60335.2.28:2006	Household and similar electrical appliances—Safety—Particular requirements for sewing machines
24	AS/NZS 60335.2.29:2004	Household and similar electrical appliances—Safety—Particular requirements for battery chargers
25	AS/NZS 60335.2.30:2009	Household and similar electrical appliances—Safety—Particular requirements for room heaters
26	AS/NZS 60335.2.31:2013	Household and similar electrical appliances—Safety—Particular requirements for range hoods and other cooking fume extractors
27	AS/NZS 60335.2.32:2014	Household and similar electrical appliances—Safety—Particular requirements for massage appliances
28	AS/NZS 60335.2.34:2013	Household and similar electrical appliances—Safety—Particular requirements for motor-compressors
29	AS/NZS 60335.2.35:2013	Household and similar electrical appliances—Safety—Particular requirements for instantaneous water heaters
30	AS/NZS 60335.2.40:2006	Household and similar electrical appliances—Safety—Particular requirements for electrical heat pumps, air-conditioners and dehumidifiers
31	AS/NZS 60335.2.41:2013	Household and similar electrical appliances—Safety—Particular requirements for pumps
32	AS/NZS 60335.2.43:2005	Household and similar electrical appliances—Safety—Particular requirements for clothes dryers and towel rails
33	AS/NZS 60335.2.44:2012	Household and similar electrical appliances—Safety—Particular requirements for ironers
34	AS/NZS 60335.2.45:2012	Household and similar electrical appliances—Safety—Particular requirements for portable heating tools and similar appliances
35	AS/NZS 60335.2.5:2002	Household and similar electrical appliances—Safety—Particular requirements—Particular requirements for dishwashers
36	AS/NZS 60335.2.51:2012	Household and similar electrical appliances—Safety—Particular requirements for stationary circulation pumps for heating and service water installations

附表6（续）

序号	标准编号	标准英文名称
37	AS/NZS 60335.2.52:2006	Household and similar electrical appliances—Safety—Particular requirements for oral hygiene appliances
38	AS/NZS 60335.2.53:2011	Household and similar electrical appliances—Safety—Particular requirements for sauna heating appliances and infrared cabins
39	AS/NZS 60335.2.54:2010	Household and similar electrical appliances—Safety—Particular requirements for surface cleaning appliances for household use employing liquids or steam
40	AS/NZS 60335.2.55:2011	Household and similar electrical appliances—Safety—Particular requirements for electrical appliances for use with aquariums and garden ponds
41	AS/NZS 60335.2.56:2006	Household and similar electrical appliances—Safety—Particular requirements for projectors and similar appliances
42	AS/NZS 60335.2.59:2005	Household and similar electrical appliances—Safety—Particular requirements for insect killers
43	AS/NZS 60335.2.60:2006	Household and similar electrical appliances—Safety—Particular requirements for whirlpool baths and whirlpool spas
44	AS/NZS 60335.2.61:2005	Household and similar electrical appliances—Safety—Particular requirements for thermal-storage room heaters
45	AS/NZS 60335.2.65:2006	Household and similar electrical appliances—Safety—Particular requirements for air-cleaning appliances
46	AS/NZS 60335.2.66:2012	Household and similar electrical appliances—Safety—Particular requirements for water-bed heaters
47	AS/NZS 60335.2.67:2013	Household and similar electrical appliances—Safety—Particular requirements for floor treatment machines, for commercial use
48	AS/NZS 60335.2.68:2013	Household and similar electrical appliances—Safety—Particular requirements for spray extraction machines, for commercial use
49	AS/NZS 60335.2.69:2012	Household and similar electrical appliances—Safety—Particular requirements for wet and dry vacuum cleaners, including power brush, for commercial use
50	AS/NZS 60335.2.70:2002	Household and similar electrical appliances—Safety—Particular requirements for milking machines
51	AS/NZS 60335.2.71:2002	Household and similar electrical appliances—Safety—Particular requirements for electrical heating appliances for breeding and rearing animal
52	AS/NZS 60335.2.72:2013	Household and similar electrical appliances—Safety—Particular requirements for floor treatment machines with or without traction drive, for commercial use
53	AS/NZS 60335.2.73:2005	Household and similar electrical appliances—Safety—Particular requirements for fixed immersion heaters
54	AS/NZS 60335.2.74:2005	Household and similar electrical apppliances—Safety—Particular requirements for portable immersion heaters

附表6（续）

序号	标准编号	标准英文名称
55	AS/NZS 60335.2.75:2013	Household and similar electrical appliances—Safety—Particular requirements for commercial dispensing appliances and vending machine
56	AS/NZS 60335.2.76:2003	Household and Similar Electrical Appliances—Safety—Particular requirements for electric fence energizers
57	AS/NZS 60335.2.77:2002	Household and similar electrical appliances—Safety—Particular requirements—Particular requirements for pedestrian controlled mains-operated lawnmowers
58	AS/NZS 60335.2.78:2005	Household and similar electrical appliances—Safety—Particular requirements for outdoor barbeques
59	AS/NZS 60335.2.79:2012	Household and similar electrical appliances—Safety—Particular requirements for high pressure cleaners and steam cleaners
60	AS/NZS 60335.2.80:2004	Household and similar electrical appliances—Safety—Particular requirements for fans
61	AS/NZS 60335.2.81:2012	Household and similar electrical appliances—Safety—Particular requirements for foot warmers and heating mats
62	AS/NZS 60335.2.82:2006	Household and Similar Electrical Appliances—Safety—Particular requirements for amusement machines and personal service machines
63	AS/NZS 60335.2.83:2002	Household and similar electrical appliances—Safety—Particular requirements for heated gullies for roof drainage
64	AS/NZS 60335.2.84:2014	Household and similar electrical appliances—Safety—Particular requirements for toilet appliances
65	AS/NZS 60335.2.85:2005	AS/NZS 60335.2.85:2005 Household and similar electrical appliances—Safety—Particular requirements for fabric steamers
66	AS/NZS 60335.2.86:2002	Household and similar electrical appliances—Safety—Particular requirements for appliances for electric fishing machines
67	AS/NZS 60335.2.87:2002	Household and similar electrical appliances—Safety—Particular requirements for electric animal-stunning equipment
68	AS/NZS 60335.2.89:2010	Household and similar electrical appliances—Safety—Particular requirements for commercial refrigerating appliances with an incorporated or remote refrigerant condensing unit or compressor
69	AS/NZS 60335.2.90:2006	Household and Similar Electrical Appliances—Safety—Particular requirements for commercial microwave ovens
70	AS/NZS 60335.2.91:2008	AS/NZS 60335.2.91:2008 Household and similar electrical appliances—Safety—Particular requirements for walk-behind and hand-held lawn trimmers and lawn edge trimmers

附表6（续）

序号	标准编号	标准英文名称
71	AS/NZS 60335.2.92:2003	Household and Similar Electrical Appliances—Safety—Particular requirements for pedestrian-controlled mains-operated lawn scarifiers and aerators
72	AS/NZS 60335.2.94:2008	Household and similar electrical appliances—Safety—Particular requirements for scissors type grass shears
73	AS/NZS 60335.2.95:2012	Household and similar electrical appliances—Safety—Particular requirements for drives for vertically moving garage doors for residential use
74	AS/NZS 60335.2.96:2002	Household and similar electrical appliances—Safety—Particular requirements for flexible sheet heating elements for room heating
75	AS/NZS 60335.2.97:2007	AS/NZS 60335.2.97:2007 Household and similar electrical appliances—Safety—Particular requirements for drives for rolling shutters, awnings, blinds and similar equipment
76	AS/NZS 60335.2.98:2005	Household and similar electrical appliances—Safety—Particular requirements for humidifiers
77	AS/NZS 60335.2.100:2003	Household and similar electrical appliances—Safety—Particular requirements for hand-held mains-operated garden blowers, vacuums and blower vacuums
78	AS/NZS 60335.2.101:2002	Household and similar electrical appliances—Safety—Particular requirements—Particular requirements for vaporizers
79	AS/NZS 60335.2.102:2013	Household and similar electrical appliances—Safety—Particular requirements for gas, oil and solid-fuel burning appliances having electrical connections
80	AS/NZS 60335.2.103:2011	Household and similar electrical appliances—Safety—Particular requirements for drives for gates, doors and windows
81	AS/NZS 60335.2.105:2006	Household and Similar Electrical Appliances—Safety—Particular requirements for multifunctional shower cabinets
82	AS/NZS 60335.2.106:2007	Household and similar electrical appliances—Safety—Particular requirements for heated carpets and for heating units for room heating installed under removable floor coverings
83	AS/NZS 60335.2.107:2013	Household and similar electrical appliances—Safety—Particular requirements for robotic battery powered electrical lawnmowers
84	AS/NZS 60335.2.108:2008	Household and similar electrical appliances—Safety—Particular requirements for electrolysers
85	AS/NZS 60335.2.109:2011	Household and similar electrical appliances—Safety—Particular requirements for UV radiation water treatment
86	AS/NZS 60335.2.110:2014	Household and similar electrical appliances—Safety—Particular requirements for commercial microwave appliances with insertion or contacting appliances

附表7　韩国标准汇总表

序号	标准编号	英文名称	日期
1	KS B ISO10472-2	Safety requirements for industrial laundry machinery—Part 2: Washing machines and washer-extractors	2008-5-1
2	KS C IEC60068-2-52	Household and similar electrical appliances—Safety—Part 2-7: Particular requirements for washing machines	2010-2-25
3	KS C IEC60335-2-58	Household and similar electrical appliances—Safety—Part 2-58: Particular requirements for commercial electric dishwashing machines	2013-11-27
4	KS C IEC60335-2-7	Household and similar electrical appliances—Safety—Part 2-7: Particular requirements for washing machines	2012-5-14
5	KS C IEC60335-2-104	Household and similar electrical appliances—Safety—Part 2-104: Particular requirements for appliances to recover and/or recycle refrigerant from air conditioning and refrigerant equipment	2007-9-28
6	KS C IEC60335-2-25	Household and similar electrical appliances – Safety – Part 2-25: Particular requirements for microwave ovens, including combination microwave ovens	2012-5-14
7	KS C IEC60335-2-90	Household and similar electrical appliances—Safety—part 2-90: Particular requirements for commercial microwave oven	2013-11-27
8	KS C IEC 60335-2-2	Household and similar electrical appliances—Safety—Part 2-2: Particular requirements for vacuum cleaners and water-suction cleaning appliances	2014-3-5
9	KS C IEC 60335-2-69	Household and similar electrical appliances—Safety—Part 2-69: Particular requirements for wet and dry vacuum cleaners, including power brush, for industrial and commercial use	2014-3-5
10	KS C IEC 60335-2-3	Household and similar electrical appliances—Safety—Part 2-3: Particular requirements for electric irons	2013-10-30
11	KS C IEC 60335-2-5	Household and similar electrical appliances—Safety—Part 2-5: Particular requirements for dishwashers	2013-10-30
12	KS C IEC 60335-2-36	Household and similar electrical appliances—Safety—Part 2-36: Particular requirements for commercial electric cooking ranges, ovens, hobs and hob elements	2013-11-27
13	KS C IEC 60335-2-6	Household and similar electrical appliances—Safety—Part 2-6: Particular requirements for stationary cooking ranges, hobs, ovens and similar appliances	2013-10-30
14	KS C IEC 60335-2-8	Household and similar electrical appliances—Safety—Part 2-8: Particular requirements for shavers, hair clippers and similar appliances	2013-10-30

附表7（续）

序号	标准编号	英文名称	日期
15	KS C IEC 61558-2-5	Safety of power transformers, power supply units and similar devices—Part 2-5:Particular requirements for shaver transformers and shaver supply units	2002-7-31
16	KS C IEC 60335-2-38	Household and similar electrical appliances—Safety—part 2-38: Particular requirements for commercial electric griddles and griddle grills	2013-11-27
17	KS C IEC 60335-2-9	Household and similar electrical appliances—Safety—Part 2-9: Particular requirements for grills, toasters and similar portable cooking appliances	2014-3-5
18	KS C IEC 60335-2-10	Household and similar electrical appliances—Safety—Part 2-10: Particular requirements for floor treatment machines and wet scrubbing machines	2013-10-7
19	KS B ISO 10472-4	Safety requirements for industrial laundry machinery—Part 4: Air dryers	2008-5-1
20	KS C IEC 60335-2-11	Household and similar electrical appliances—Safety—Part 2-11: Particular requirements for tumble dryers	2014-3-5
21	KS C IEC 60335-2-43	Household and similar electrical appliances—Safety—Part 2-43: Particular requirements for clothes dryers and towel rails	2013-11-27
22	KS C IEC 60335-2-12	Household and sumilar electrical appliances—Safety—Part 2-12: Particular requirements for warming plates and similar appliances	2013-11-27
23	KS C IEC 60335-2-13	Household and similar electrical appliances—Safety—Part 2-13: Particular requirements for deep fat fryers, frying pans and similar appliances	2013-10-30
24	KS C IEC 60335-2-37	Household and similar electrical appliances—Safety—Part 2-37: Particular requirements for commercial electric doughnut fryers and deep fat fryers	2014-3-5
25	KS C IEC 60335-2-14	Safety of household and similar electrical appliances—Part 2-14: Particular requirements for kitchen machines	2013-10-30
26	KS C IEC 60745-2-15	Safety of hand-held motor-operated electric tools.—Part 2: Particular requirements for hedge trimmers and grass shears	2004-6-30
27	KS C IEC 60335-2-64	Household and similar electrical appliances—Safety—Part 2-64: particular requirements for commercial electrical kitchen machines	2013-10-7
28	KS C IEC 60335-2-15	Household and similar electrical appliances—Safety—Part 2-15: Particular requirements for appliances for heating liquids	2012-5-14

附表7（续）

序号	标准编号	英文名称	日期
29	KS C IEC 60335-2-16	Household and similar electrical appliances—Safety—Part 2-16: Particular requirements for food waste disposers	2014-3-5
30	KS C IEC 60335-2-21	Household and similar electrical appliances—Safety—Part 2-21: Particular requirements for storage water heaters	2014-3-5
31	KS C IEC 60335-2-35	Household and similar electrical appliances—Safety—Part 2-35: Particular requirements for instantaneous water heaters	2014-3-5
32	KS C IEC 60335-2-23	Household and similar electrical appliances—Safety—Part 2-23 : Particular requirements for appliances for skin or hair care	2012-5-14
33	KS C IEC 60335-2-27	Household and similar electrical appliance—Safety—Part 2-27: particular requirements for skin exposure to ultraviolet and infrared radiation	2013-11-27
34	KS C IEC 60335-2-28	Household and similar electrical appliances—Safety—Part 2-28: Particular requirements for sewing machines	2013-10-7
35	KS C IEC 60335-2-29	Household and similar electrical appliances—Safety—Part 2-29: Particular requirements for battery chargers	2013-10-7
36	KS C IEC 60335-2-30	Household and similar electrical appliance—Safety—Part 2-30: Particular requirements for room heaters	2013-10-30
37	KS C IEC 60335-2-61	Household and similar electrical appliances—Safety—part 2-61: Particular requirements for thermal storage room heaters	2013-10-7
38	KS C IEC 60335-2-32	Household and similar electrical appliances—Safety—Part 2-32: Particular requirements for massage appliances	2013-11-27
39	KS C IEC 60335-2-34	Household and similar electrical appliances—Safety- Part 2-34： Particular requirements for motor—compressors	2012-5-14
40	KS C IEC 60335-2-39	Household and similar electrical appliances—Safety—Part 2-39: Particular requirements for commercial electric multi-purpose cooking pans	2014-3-5
41	KS C IEC 60335-2-40	Household and similar electrical appliances—Safety—Part 2-40: Particular requirements for electrical heat pumps, air-conditioners and dehumidifiers	2007-6-29
42	KS C IEC 60335-2-41	Household and similar electrical appliances—Safety—Part 2-41: Particular requirements for pumps	2014-3-5
43	KS C IEC 60335-2-42	Household and similar electrical appliances—Safety—Part 2-42: Particular requirements for commercial electric forced convection ovens, steam cookers and steam-convection ovens	2013-11-27
44	KS C IEC 60335-2-44	Household and similar electrical appliances—Safety—Part 2-44: Particular requirements for ironers	2014-3-5

附表7（续）

序号	标准编号	英文名称	日期
45	KS C IEC 60335-2-45	Household and similar electrical appliances—Safety—Part 2-45: Particular requirements for portable heating tools and similar appliances	2013-10-30
46	KS C IEC 60335-2-47	Household and similar electrical appliances—Safety—Part 2-47: Particular requirements for commercial electric boiling pans	2013-11-27
47	KS C IEC 60335-2-48	Household and similar electrical appliances—Safety—Part 2-48: Particular requirements for commercial electric grillers and toasters	2013-11-27
48	KS C IEC 60335-2-49	Household and similar electrical appliances—Safety—Part 2-49: Particular requirements for commercial electric hot cupboards	2013-11-27
49	KS C IEC 60335-2-51	Household and similar electrical appliances—Safety—Part 2-51: Particular requirements for stationary circulation pumps for heating and service water installations	2014-3-5
50	KS C IEC 60335-2-52	Household and similar electrical appliances—Safety—Part 2-52: Particular requirements for oral hygiene appliances	2013-10-7
51	KS C IEC 60335-2-53	Household and similar electrical appliances—Safety—Part 2-53: Particular requirements for sauna heating appliances	2014-3-5
52	KS C IEC 60335-2-54	Household and similar electrical appliances—Safety—Part 2-54: Particular requirements for surface-cleaning appliances for household use employing liquids or steam	2013-11-27
53	KS C IEC 60335-2-55	Household and similar electrical appliances—Safety—Part 2-55：Particular requirements for electrical appliances for use with aquariums and garden ponds	2013-10-7
54	KS C IEC 60335-2-56	Household and similar electrical appliances—Safety—Part 2-56: Particular requirements for projectors and similar appliances	2013-10-7
55	KS C IEC 60335-2-5	Household and similar electrical appliances—Safety—Part 2-5: Particular requirements for dishwashers	2013-10-30
56	KS C IEC 60335-2-58	Household and similar electrical appliances—Safety—Part 2-58: Particular requirements for commercial electric dishwashing machines	2013-11-27
57	KS C IEC 60335-2-59	Household and similar electrical appliances—Safety—Part 2-59: Particular requirements for insect killers	2013-10-7
58	KS C IEC 60335-2-60	Household and similar electrical appliances—Safety—Part 2-60: Particular requirements for whirlpool baths and whirlpool spas	2013-10-7

附表7（续）

序号	标准编号	英文名称	日期
59	KS C IEC 60335-2-62	Household and similar electrical appliances—Safety—Part 2-62: Particular requirements for commercial electric rinsing sinks	2013-11-27
60	KS C IEC 60335-2-65	Household and similar electrical appliances—Safety—Part 2-65: Particular requirements for air-cleaning appliances	2013-10-7
61	KS C IEC 60335-2-67	Household and similar electrical appliances—Safety—Part 2-67：Particular requirements for floor treatment and floor cleaning machines, for industrial and commercial use	2007-9-28
62	KS C IEC 60335-2-10	Household and similar electrical appliances—Safety—Part 2-10: Particular requirements for floor treatment machines and wet scrubbing machines	2013-10-7
63	KS C IEC 60335-2-72	Household and similar electrical appliances—Safety—Part 2-72: Particular requirements for automatic machines for floor treatment for commercial and industrial use	2007-9-28
64	KS C IEC 60335-2-68	Household and similar electrical appliances—Safety—Part 2-68: Particular requirements for spray extraction appliances, for industrial and commercial use	2014-3-5
65	KS C IEC 60335-2-69	Household and similar electrical appliances—Safety—Part 2-69: Particular requirements for wet and dry vacuum cleaners, including power brush, for industrial and commercial use	2014-3-5
66	KS C IEC 60335-2-70	Household and similar electrical appliances—Safety—Part 2-70: Particular requirements for milking machines	2013-11-27
67	KS C IEC 60335-2-71	Household and similar eletrical appliances—Safety—Part 2-71: Particular requirements for electrical heating appliances for breeding and rearing animals	2014-3-5
68	KS C IEC 60335-2-72	Household and similar electrical appliances—Safety—Part 2-72: Particular requirements for automatic machines for floor treatment for commercial and industrial use	2007-9-28
69	KS C IEC 60335-2-73	Household and similar electrical appliances—Safety—Part 2-73: particular requirements for fixed immersion heaters	2013-10-7
70	KS C IEC 60335-2-74	Household and similar electrical appliances—Safety—Part 2-74: Particular requirements for portable immersion heaters	2013-10-7
71	KS C IEC 60335-2-75	Household and similar electrical appliances—Safety—Part 2-75: Particular requirements for commercial dispensing appliances and vending machines	2014-3-5
72	KS C IEC 60335-2-76	Household and similar electrical appliances—Safety—Part 2-76: Particular requirements for electric fence energizers	2013-11-27

附表7（续）

序号	标准编号	英文名称	日期
73	KS C IEC 60335-2-77	Household and similar electrical appliances—Safety—Part 2-77 : Particular requirements for pedestrian controlled mains-operated lawnmowers	2004-12-29
74	KS C IEC 60335-2-78	Household and similar electrical appliances—Safety—Part 2-78: Particular requirements for outdoor barbecues	2013-10-7
75	KS C IEC 60335-2-79	Household and similar electrical appliances—Safety—Part 2-79: Particular requirements for high pressure cleaners and steam cleaners, for industrial and commercial use	2014-3-5
76	KS C IEC 60335-2-80	Household and similar electrical appliances—Safety—Part 2-80: Particular requirements for fans	2012-5-14
77	KS C IEC 60335-2-81	Safety of household and similar electrical appliances—Part 2: Particular requirements for foot warmers and heating mats	2002-5-25
78	KS C IEC 60335-2-82	Household and similar electrical appliances—Safety—Part 2-82: Particular requirements for amusement machines and personal service machines	2013-10-7
79	KS C IEC 60335-2-83	Household and similar electrical appliances—Safety—Part 2-83: Particular requirements for heated gullies for roof drainage	2013-10-7
80	KS C IEC 60335-2-84	Household and similar electrical appliances—Safety—Part 2-84: Particular requirements for toilets	2013-10-30
81	KS C IEC 60335-2-85	Househould and similar electrical appliances—Safety—Part 2-85: Particular requirements for fabric steamers	2013-10-7
82	KS C IEC 60335-2-86	Household and similar electrical appliances—Safety—Part 2-86: Particular requirements for electric fishing machines	2007-6-29
83	KS C IEC 60335-2-87	Household and similar electrical appliances—Safety—Part 2-87: Particular requirements for animal-stunning equipment	2014-3-5
84	KS C IEC 60335-2-88	Household and similar electrical appliances—Safety—Part 2-88: Particular requirements for humidifiers intended for use with heating, ventilation, or air-conditioning systems	2004-12-29
85	KS C IEC 60335-2-89	Household and similar electrical appliances—Safety—Part 2-89: Particular requirements for commercial refrigerating appliances with an incorporated or remote refrigerant condensing unit or compressor	2014-3-5
86	KS C IEC 60335-2-91	Household and similar electrical appliances—Safety—Part 2-91: Particular requirements for walk-behind and hand-held lawn trimmers and lawn edge	2013-11-27

附表7（续）

序号	标准编号	英文名称	日期
87	KS C IEC 60335-2-92	Household and similar electrical appliances—Safety—Part 2-92: Particular requirements for pedestrian-controlled mains-operated lawn scarifiers and aerators	2004-12-29
88	KS C IEC 60335-2-94	Household and similar electrical appliances—Safety—Part 2-94: Particular requirements for scissor type grass shears	2004-12-29
89	KS C IEC 60335-2-95	Household and similar electrical appliances—Safety—Part 2-95: Particular requirements for drivers for vertically moving garage doors for residential use	2014-3-5
90	KS C IEC 60335-2-96	Household and similar electrical appliances—Safety -Part 2-96：Particular requirements for flexible sheet heating elements for room heating	2007-9-28
91	KS C IEC 60335-2-101	Household and similar electrical appliances—Safety—Part 2-101: Particular requirements for vaporizers	2004-12-29
92	KS C IEC 60335-2-102	Household and similar electrical appliances—Safety—Part 2-102: Particular requirements for gas, oil and solid-fuel burning appliances having electrical connections	2014-3-5
93	KS C IEC 60335-2-103	Household and similar electrical appliances—Safety—Part 2-103: Particular requirements for drives for gates, doors and windows	2004-12-29
94	KS C IEC 60335-2-104	Household and similar electrical appliances—Safety—Part 2-104: Particular requirements for appliances to recover and/or recycle refrigerant from air conditioning and refrigerant equipment	2007-9-28
95	KS C IEC 60335-2-105	Household and similar electrical appliances—Safety—Part 2-105: Particular requirements for multifunctional shower cabinets	2013-11-27
96	KS C IEC 60335-2-108	Household and Similar Electrical Appliances—Safety—Part 2-108: Particular requirements for electrolysers	2012-5-14
97	KS C IEC 61770	Electric appliances connected to the water mains—Avoidance of backsiphonage and failure of hose-sets	2007-11-30
98	KS C IEC 60335-2-100	Household and similar electrical appliances—Safety—Part 2-100: Particular requirements for hand-held mains-operated garden blowers, vacuums and blower vacuums	2004-12-29
99	KS C IEC 60335-2-24	Household and similar electrical appliances—Safety—Part 2-24: Particular requirements for refrigerating appliances, ice-cream appliances and ice-makers	2013-11-27
100	KS C IEC 60335-2-25	Household and similar electrical appliances – Safety – Part 2-25: Particular requirements for microwave ovens, including combination microwave ovens	2012-5-14

附表7（续）

序号	标准编号	英文名称	日期
101	KS C IEC 60335-2-26	Household and similar electrical appliances—Safety—Part 2-26 : Particular requirements for clocks	2013-10-7
102	KS C IEC 60335-2-27	Household and similar electrical appliance—Safety—Part 2-27: particular requirements for skin exposure to ultraviolet and infrared radiation	2013-11-27
103	KS C IEC 60335-2-28	Household and similar electrical appliances—Safety—Part 2-28: Particular requirements for sewing machines	2013-10-7
104	KS C IEC 60335-2-30	Household and similar electrical appliance—Safety—Part 2-30: Particular requirements for room heaters	2013-10-30
105	KS C IEC 60335-2-31	Household and similar electrical appliances—Safety—Part 2-31: Particular requirements for range hoods	2014-3-5
106	KS C IEC 60335-2-35	Household and similar electrical appliances—Safety—Part 2-35: Particular requirements for instantaneous water heat-ers	2014-3-5
107	KS C IEC 60335-2-4	Household and similar electrical appliances—Safety—Part 2-4: Particular requirements for spin extractors	2013-10-30
108	KS C IEC 60335-2-5	Household and similar electrical appliances—Safety—Part 2-5: Particular requirements for dishwashers	2013-10-30
109	KS C IEC 60335-2-50	Household and similar electrical appliances—Safety—Part 2-50: Particular requirements for commercial electric bains-marie	2013-11-27
110	KS C IEC 60335-2-6	Household and similar electrical appliances—Safety—Part 2-6: Particular requirements for stationary cooking ranges, hobs, ovens and similar appliances	2013-10-30
111	KS C IEC 60335-2-66	Household and similar electrical appliances—Safety—Part 2-66: Particular requirements for water bed	2014-3-5
112	KS C IEC 60335-2-97	Household and similar electrical appliances—Safety—Part 2-97: Particular requirements for drivers for rolling shut-ters, awnings, blinds and similar equipment	2013-11-27
113	KS C IEC 60335-2-98	Household and similar electrical appliances—Safety—Part 2-98: Particular requirements for humidifiers	2013-11-27
114	KS C IEC 60335-2-99	Household and similar electrical appliances—Safety—Part 2-99: Particular requirements for commercial electric hoods	2005-12-9
115	KS C IEC 60335-1-2013	Household and similar electrical appliances—Safety—Part 1:General requirements	2013

附表8 中国标准汇总表

序号	标准编号	标准名称	采标程度	采标号
1	GB 4706.1—2005	家用和类似用途电器的安全 第1部分：通用要求	IDT	IEC 60335-1:2004
2	GB 4706.2—2007	家用和类似用途电器的安全 第2部分：电熨斗的特殊要求	IDT	IEC 60335-2-3:2005
3	GB 4706.7—2014	家用和类似用途电器的安全 真空吸尘器和吸水式清洁器具的特殊要求	IDT	IEC 60335-2-2:2009
4	GB 4706.8—2008	家用和类似用途电器的安全 电热毯、电热垫及类似柔性发热器具的特殊要求	IDT	IEC 60335-2-17:2006
5	GB 4706.9—2008	家用和类似用途电器的安全 剃须刀、电推剪及类似器具的特殊要求	IDT	IEC 60335-2-8:2002
6	GB 4706.10—2008	家用和类似用途电器的安全 按摩器具的特殊要求	IDT	IEC 60335-2-32:2005
7	GB 4706.11—2008	家用和类似用途电器的安全 快热式热水器的特殊要求	IDT	IEC 60335-2-35:2002
8	GB 4706.12—2006	家用和类似用途电器的安全 储水式热水器的特殊要求	MOD	IEC 60335-2-21:1997
9	GB 4706.13—2014	家用和类似用途电器的安全 制冷器具、冰淇淋机和制冰机的特殊要求	IDT	IEC 60335-2-24:2012
10	GB 4706.14—2008	家用和类似用途电器的安全 烤架、面包片烘烤器及类似用途便携式烹饪器具的特殊要求	IDT	IEC 60335-2-9:2006
11	GB 4706.15—2008	家用和类似用途电器的安全 皮肤及毛发护理器具的特殊要求	IDT	IEC 60335-2-23:2003
12	GB 4706.17—2010	家用和类似用途电器的安全 电动机—压缩机的特殊要求	IDT	IEC 60335-2-34:2009
13	GB 4706.18—2005	家用和类似用途电器的安全 电池充电器的特殊要求	IDT	IEC 60335-2-29:2002
14	GB 4706.19—2008	家用和类似用途电器的安全 液体加热器的特殊要求	IDT	IEC 60335-2-15:2005
15	GB 4706.20—2004	家用和类似用途电器的安全 滚筒式干衣机的特殊要求	IDT	IEC 60335-2-11:2002
16	GB 4706.21—2008	家用和类似用途电器的安全 微波炉，包括组合型微波炉的特殊要求	IDT	IEC 60335-2-25:2006
17	GB 4706.22—2008	家用和类似用途电器的安全 驻立式电灶、灶台、烤箱及类似用途器具的特殊要求	IDT	IEC 60335-2-6:2005
18	GB 4706.23—2007	家用和类似用途电器的安全 第2部分：室内加热器的特殊要求	IDT	IEC 60335-2-30:2004
19	GB 4706.24—2008	家用和类似用途电器的安全 洗衣机的特殊要求	MOD	IEC 60335-2-7:2008
20	GB 4706.25—2008	家用和类似用途电器的安全 洗碗机的特殊要求	IDT	IEC 60335-2-5:2005
21	GB 4706.26—2008	家用和类似用途电器的安全 离心式脱水机的特殊要求	IDT	IEC 60335-2-4:2006

附表8（续）

序号	标准编号	标准名称	采标程度	采标号
22	GB 4706.27—2008	家用和类似用途电器的安全 第2部分：风扇的特殊要求	IDT	IEC 60335-2-80:2004
23	GB 4706.28—2008	家用和类似用途电器的安全 吸油烟机的特殊要求	IDT	IEC 60335-2-31:2006
24	GB 4706.29—2008	家用和类似用途电器的安全 便携式电磁灶的特殊要求		
25	GB 4706.30—2008	家用和类似用途电器的安全 厨房机械的特殊要求	IDT	IEC 60335-2-14:2006
26	GB 4706.31—2008	家用和类似用途电器的安全 桑那浴加热器具的特殊要求	IDT	IEC 60335-2-53:2007
27	GB 4706.32—2012	家用和类似用途电器的安全 热泵、空调器和除湿机的特殊要求	IDT	IEC 60335-2-40:2005
28	GB 4706.33—2008	家用和类似用途电器的安全 商用电深油炸锅的特殊要求	IDT	IEC 60335-2-37:2002
29	GB 4706.34—2008	家用和类似用途电器的安全 商用电强制对流烤炉、蒸汽炊具和蒸汽对流炉的特殊要求	IDT	IEC 60335-2-42:2002
30	GB 4706.35—2008	家用和类似用途电器的安全 商用电煮锅的特殊要求	IDT	IEC 60335-2-47:2002
31	GB 4706.36—1997	家用和类似用途电器的安全 商用电开水器和液体加热器的特殊要求	IDT	IEC 60335-2-63:1991
32	GB 4706.37—2008	家用和类似用途电器的安全 商用单双面电热铛的特殊要求	IDT	IEC 60335-2-38:2002
33	GB 4706.38—2008	家用和类似用途电器的安全 商用电动饮食加工机械的特殊要求	IDT	IEC 60335-2-64:2002
34	GB 4706.39—2008	家用和类似用途电器的安全 商用电烤炉和烤面包炉的特殊要求	IDT	IEC 60335-2-48:2002
35	GB 4706.40—2008	家用和类似用途电器的安全 商用多用途电平锅的特殊要求	IDT	IEC 60335-2-39:2004
36	GB 4706.41—2005	家用和类似用途电器的安全 便携式电热工具及其类似器具的特殊要求	IDT	IEC 60335-2-45:2002
37	GB 4706.43—2005	家用和类似用途电器的安全 投影仪和类似用途器具的特殊要求	IDT	IEC 60335-2-56:2002
38	GB 4706.44—2005	家用和类似用途电器的安全 贮热式室内加热器的特殊要求	IDT	IEC 60335-2-61:2002
39	GB 4706.45—2008	家用和类似用途电器的安全 空气净化器的特殊要求	IDT	IEC 60335-2-65:2005
40	GB 4706.46—2005	家用和类似用途电器的安全 挤奶机的特殊要求	IDT	IEC 60335-2-70:2002
41	GB 4706.47—2005	家用和类似用途电器的安全 动物繁殖和饲养用电加热器的特殊要求	IDT	IEC 60335-2-71:2002

附表8（续）

序号	标准编号	标准名称	采标程度	采标号
42	GB 4706.48—2009	家用和类似用途电器的安全 加湿器的特殊要求	IDT	IEC 60335-2-98:2005
43	GB 4706.49—2008	家用和类似用途电器的安全 废弃食物处理器的特殊要求	IDT	IEC 60335-2-16:2005
44	GB 4706.50—2008	家用和类似用途电器的安全 商用电动洗碗机的特殊要求	IDT	IEC 60335-2-58:2002
45	GB 4706.51—2008	家用和类似用途电器的安全 商用电热食品和陶瓷餐具保温器的特殊要求	IDT	IEC 60335-2-49:2002
46	GB 4706.52—2008	家用和类似用途电器的安全 商用电炉灶、烤箱、灶和灶单元的特殊要求	IDT	IEC 60335-2-36:2008
47	GB 4706.53—2008	家用和类似用途电器的安全 坐便器的特殊要求	IDT	IEC 60335-2-84:2005
48	GB 4706.55—2008	家用和类似用途电器的安全 保温板和类似器具的特殊要求	IDT	IEC 60335-2-12:2005
49	GB 4706.56—2008	家用和类似用途电器的安全 深油炸锅、油煎锅及类似器具的特殊要求	IDT	IEC 60335-2-13:2004
50	GB 4706.57—2008	家用和类似用途电器的安全 地板处理机和湿式擦洗机的特殊要求	IDT	IEC 60335-2-10:2002
51	GB 4706.58—2010	家用和类似用途电器的安全 水床加热器的特殊要求	IDT	IEC 60335-2-66:2008
52	GB 4706.59—2008	家用和类似用途电器的安全 口腔卫生器具的特殊要求	IDT	IEC 60335-2-52:2002
53	GB 4706.60—2008	家用和类似用途电器的安全 衣物干燥机和毛巾架的特殊要求	IDT	IEC 60335-2-43:2005
54	GB 4706.61—2008	家用和类似用途电器的安全 使用液体或蒸汽的家用表面清洁器具的特殊要求	IDT	IEC 60335-2-54:2007
55	GB 4706.62—2008	家用和类似用途电器的安全 商用电水浴保温器的特殊要求	IDT	IEC 60335-2-50:2008
56	GB 4706.63—2008	家用和类似用途电器的安全 商用电漂洗槽的特殊要求	IDT	IEC 60335-2-62:2002
57	GB 4706.66—2008	家用和类似用途电器的安全 泵的特殊要求	IDT	IEC 60335-2-41:2004
58	GB 4706.67—2008	家用和类似用途电器的安全 水族箱和花园池塘用电器的特殊要求	IDT	IEC 60335-2-55:2005
59	GB 4706.68—2008	家用和类似用途电器的安全 住宅用垂直运动车库门的驱动装置的特殊要求	IDT	IEC 60335-2-95:2005
60	GB 4706.69—2008	家用和类似用途电器的安全 服务和娱乐器具的特殊要求	IDT	IEC 60335-2-82:2005
61	GB 4706.70—2008	家用和类似用途电器的安全 时钟的特殊要求	IDT	IEC 60335-2-26:2005
62	GB 4706.71—2008	家用和类似用途电器的安全 供热和供水装置固定循环泵的特殊要求	IDT	IEC 60335-2-51:2005

附表8（续）

序号	标准编号	标准名称	采标程度	采标号
63	GB 4706.72—2008	家用和类似用途电器的安全 商用售卖机的特殊要求	IDT	IEC 60335-2-75:2002
64	GB 4706.73—2008	家用和类似用途电器的安全 涡流浴缸和涡流水疗器具的特殊要求	IDT	IEC 60335-2-60:2005
65	GB 4706.74—2008	家用和类似用途电器的安全 缝纫机的特殊要求	IDT	IEC 60335-2-28:2005
66	GB 4706.75—2008	家用和类似用途电器的安全 固定浸入式加热器的特殊要求	IDT	IEC 60335-2-73:2002+A1:2006
67	GB 4706.76—2008	家用和类似用途电器的安全 灭虫器的特殊要求	IDT	IEC 60335-2-59:2006
68	GB 4706.77—2008	家用和类似用途电器的安全 便携浸入式加热器的特殊要求	IDT	IEC 60335-2-74:2006
69	GB 4706.80—2005	家用和类似用途电器的安全 暖脚器和热脚垫的特殊要求	IDT	IEC 60335-2-81:2002
70	GB 4706.81—2014	家用和类似用途电器的安全 挥发器的特殊要求	IDT	IEC 60335-2-101:2008
71	GB 4706.82—2007	家用和类似用途电器的安全 房间加热用软片加热元件的特殊要求	IDT	IEC 60335-2-96:2002
72	GB 4706.83—2007	家用和类似用途电器的安全 第2部分：夹烫机的特殊要求	IDT	IEC 60335-2-44:2002
73	GB 4706.84—2007	家用和类似用途电器的安全 第2部分：织物蒸汽机的特殊要求	IDT	IEC 60335-2-85:2002
74	GB 4706.85—2008	家用和类似用途电器的安全 紫外线和红外线辐射皮肤器具的特殊要求	IDT	IEC 60335-2-27:2004
75	GB 4706.86—2008	家用和类似用途电器的安全 工业和商用地板处理机与地面清洗机的特殊要求	IDT	IEC 60335-2-67：1997
76	GB 4706.87—2008	家用和类似用途电器的安全 工业和商用喷雾抽吸器具的特殊要求	IDT	IEC 60335-2-68：1997
77	GB 4706.88—2008	家用和类似用途电器的安全 工业和商用带动力刷的湿或干吸尘器的特殊要求	IDT	IEC 60335-2-69:1997
78	GB 4706.89—2008	家用和类似用途电器的安全 工业和商用高压清洁器与蒸汽清洁器的特殊要求	IDT	IEC 60335-2-79:1995
79	GB 4706.90—2008	家用和类似用途电器的安全 商用微波炉的特殊要求	IDT	IEC 60335-2-90:1997
80	GB 4706.91—2008	家用和类似用途电器的安全 电围栏激励器的特殊要求	IDT	IEC 60335-2-76:2006
81	GB 4706.92—2008	家用和类似用途电器的安全 从空调和制冷设备中回收制冷剂的器具的特殊要求	IDT	IEC 60335-2-104:2004
82	GB 4706.93—2008	家用和类似用途电器的安全 工业和商业用湿式和干式真空吸尘器的特殊要求	IDT	IEC 60335-2-69:2005
83	GB 4706.94—2008	家用和类似用途电器的安全 带有电气连接的使用燃气、燃油和固体燃料器具的特殊要求	IDT	IEC 60335-2-102:2004

附表8（续）

序号	标准编号	标准名称	采标程度	采标号
84	GB 4706.95—2008	家用和类似用途电器的安全 商用电动抽油烟机的特殊要求	IDT	IEC 60335-2-99:2003
85	GB 4706.96—2008	家用和类似用途电器的安全 商业和工业用自动地板处理机的特殊要求	IDT	IEC 60335-2-72:2005
86	GB 4706.97—2008	家用和类似用途电器的安全 电击动物设备的特殊要求	IDT	IEC 60335-2-87:2002
87	GB 4706.98—2008	家用和类似用途电器的安全 闸门、房门和窗的驱动装置的特殊要求	IDT	IEC 60335-2-103:2006
88	GB 4706.100—2009	家用和类似用途电器的安全 多功能淋浴房的特殊要求		
89	GB 4706.101—2010	家用和类似用途电器的安全 卷帘百叶门窗、遮阳篷、遮帘和类似设备的驱动装置的特殊要求	IDT	IEC 60335-2-97:2009
90	GB 4706.102—2010	家用和类似用途电器的安全 带嵌装或远置式制冷剂冷凝装置或压缩机的商用制冷器具的特殊要求	IDT	IEC 60335-2-89:2007
91	GB 4706.103—2010	家用和类似用途电器的安全 电捕鱼器的特殊要求	IDT	IEC 60335-2-86:2005
92	GB 4706.104—2010	家用和类似用途电器的安全 屋顶排水用加热排水槽的特殊要求	IDT	IEC 60335-2-83:2008
93	GB 4706.105—2011	家用和类似用途电器的安全 带加热、通风或空调系统的加湿器的特殊要求	IDT	IEC 60335-2-88:2002
94	GB 17988—2008	食具消毒柜安全和卫生要求		
95	GB 19865—2005	电玩具的安全	IDT	IEC 62115:2004
96	GB 4706.106—2011	家用和类似用途电器的安全 户外烤架的特殊要求	IDT	IEC 60335-2-78:2008
97	GB4706.107—2012	家用和类似用途电器的安全 整体厨房器具的特殊要求		
98	GB 4706.99—2009	家用和类似用途电器的安全 储热式电热暖手器的特殊要求		
99	GB 4706.108—2012	家用和类似用途电器的安全 第2部分：电热地毯和安装在可移动地板覆盖物下方的用于加热房间的电热装置的特殊要求	IDT	IEC 60335-2-106:2007
100	GB4706.109—2013	家用和类似用途电器的安全 电解槽的特殊要求	IDT	IEC 60335-2-108:2008

附表9　GB 4706.1通用要求

产品类别	产品危害类别	安全指标中文名称	安全指标英文名称	安全指标对应的国家标准				安全指标对应的国际标准或国外标准				安全指标差异情况	原因
				编号	安全指标要求	安全指标单位	检测标准编号	编号	安全指标要求	安全指标单位	安全指标对应的检测标准编号		
家电	—	参考性引用文件	Nomative references	2	—	—	GB 4706.1—2005	2	增加本标准应符合美国、加拿大、墨西哥的相关国家电气安装规范，包括NEC、CEC、NUM-001-SEDE	—	UL60335-1：2011	—	基于国家法规要求的国家差异/基于部件标准的国家差异
					—	—	GB 4706.1—2005	2	IEC的某些部件标准由附录DVA列出的标准替代	—	UL60335-1：2011	—	基于国家法规要求的国家差异/基于部件标准的国家差异
		术语	Definitions	3	—	—	GB 4706.1—2005	3	增加了对children, very young children, young children, older children等的定义	—	EN60335-1：2012	—	增加对特殊人群的关注
					—	—	GB 4706.1—2005	3.3.8	增加了01类器具的定义	—	JIS C 9335-1:2003	—	基于用电环境差异
				3.4.1	不超过50V	—	GB 4706.1—2005	3.4.1	修改特低电压定义：电压不超过直流、交流有效值30V或峰值42.4V	—	UL60335-1：2011	严于国标	基于国家法规要求的国家差异
				3.4.2	不超过42V，空载电压不超过50V	—	GB 4706.1—2005	3.4.2	修改安全特低电压定义，以下述修改替代第1段：安全特低电压：导线之间以及导线和地线之间不超过有效值30V或峰值42.4V或直流30V。当器具打算进入水中使用时，不超过有效值15V或峰值21.2V或直流15V	—	UL60335-1：2011	严于国标	基于国家法规要求的国家差异

附表9（续）

产品类别	产品危害类别	安全指标中文名称	安全指标英文名称	安全指标对应的国家标准				安全指标对应的国际标准或国外标准				安全指标差异情况	原因
				编号	安全指标要求	安全指标单位	检测标准编号	编号	安全指标要求	安全指标单位	安全指标对应的检测标准编号		
家电	—	一般要求	General requirement	4	不会给人或环境带来危险	—	GB 4706.1—2005	4	修改第1段：以“减少着火、电击和/或伤人风险”替代“不会给人或环境带来危险”	—	UL60335-1：2011	—	编辑性修改
		试验一般条件	General conditions for the tests	5.8.1	交流器具在额定频率下进行试验。而交直流两用器具则用对器具最不利的电源进行试验。 没有标出额定频率或标有50Hz～60Hz频率范围的交流器具，则用50Hz或60Hz中最不利的那种频率进行试验	—	GB 4706.1—2005	5.8.1	交流器具以50Hz的频率进行试验，交直流两用器具，交流按50Hz，直流按最不利的电源进行试验	—	AS/NZS 60335-1-2002	—	用电环境
		分类	Classification	6.1	电击防护方面，器具应属于下列各种类别之一：0类、0I类、Ⅰ类、Ⅱ类、Ⅲ类	—	GB 4706.1—2005	6.1	修改增加下述内容： 01类：器具不允许 注：01类如果在适用的第2部分中规定，可以允许	—	UL60335-1：2011	—	基于国家法规要求的国家差异

附表9（续）

产品类别	产品危害类别	安全指标中文名称	安全指标英文名称	安全指标对应的国家标准				安全指标对应的国际标准或国外标准				安全指标差异情况	原因
				编号	安全指标要求	安全指标单位	检测标准编号	编号	安全指标要求	安全指标单位	安全指标对应的检测标准编号		
家电	—	标志和说明	Marking and instructions	7.1	—	—	GB 4706.1—2005	7.1	增加：打算用于连接至电源的Ⅲ类器具以外的器具，应标识 —最低额定电压： • 单相器具230V • 多相器具400V	—	AS/NZS 60335-1-2002	—	考虑其用电环境下的产品安全性
				7.8	—	—	GB 4706.1—2005	7.8	增加：注：中性导线端子字母N的标志不要求Y型连接	—	UL60335-1：2011	—	基于国家法规要求的国家差异
				7.1	—	—	GB 4706.1—2005	7.1	增加：如果有用于启动/停止器具的操作功能的装置，应通过形状、大小、表面纹理或位置等与其他手动装置相区别。该设备的操作应通过触觉反馈或听觉和视觉反馈给出。 注Z1：马达的声音或自动开关"开/关"的声音被认为是听觉反馈。典型功能的停止（例如：器具本身或者一部分的震动的停止）被认为是触觉反馈。 注Z2：用于启动/停止操作功能的设备即由用户自行操作启动/停止的设备。与断开位置清晰可辨的选择开关是允许的。 如果有启动/停止开关则认为设备具有合适的设备停止操作功能。	—	EN60335-1:2012	—	基于弱势人群操作器具的考虑

附表9（续）

产品类别	产品危害类别	安全指标中文名称	安全指标英文名称	安全指标对应的国家标准				安全指标对应的国际标准或国外标准				安全指标差异情况	原因
				编号	安全指标要求	安全指标单位	检测标准编号	编号	安全指标要求	安全指标单位	安全指标对应的检测标准编号		
家电	—	标志和说明	Marking and instructions	7.1	—	—	GB 4706.1—2005	7.1	插头不被认为是具有合适的设备停止操作功能，因为对于弱势人群是很难操作的	—			
				7.12	—	—	GB 4706.1—2005	7.12	使用说明书中增加新警告语：“此设备可以为8岁及以上年龄的儿童以及物理、感官或精神能力低下或缺乏经验和知识的人使用，如果他们被给予有关安全使用本产品并且理解相关危险的监护或指导。儿童不得玩耍该产品。儿童不得在没有监护的情况下进行清洗和维护。”	—	EN60335-1：2012	—	基于对年幼儿童增加的附加说明
	电气安全	对触及带电部件的防护	Protection against access to live parts	8.1.1	—	—	GB 4706.1—2005	8.1.1	第3段后增加下述内容： 图12DV的铰接探棒应适用，当产品是： a）手持式产品或产品的手持式部件 b）产品运行时儿童可触及	—	UL60335-1：2011	—	基于基础安全标准和要求的国家差异
							GB 4706.1—2005		修改第3段：对小孩防触电增加要求：使用18号儿童测试指，对开口使用10N的力	—	EN 60335-1:2012	严于国标	基于年幼儿童增加的试验

附表9（续）

产品类别	产品危害类别	安全指标中文名称	安全指标英文名称	安全指标对应的国家标准				安全指标对应的国际标准或国外标准				安全指标差异情况	原因
				编号	安全指标要求	安全指标单位	检测标准编号	编号	安全指标要求	安全指标单位	安全指标对应的检测标准编号		
家电	电气安全	最大温升	Maximum temperature rises	11.8表3	—	—	GB 4706.1—2005	11.8表3	增加对“插座绝缘插脚的温升要求，为45k”	—	AS/NZS 60335-1-2002		为了和国内相关部件标准保持一致
		工作温度下的泄漏电流	Leakage current and electric strength at operating	13.2	—	—	GB 4706.1—2005	13.2	修改增加下述第9段：使用套式加热元件的线连接式产品，泄漏电流不应超过0.5mA或0.75mA，如果适用，在5min的起始时如果超过0.5mA或0.75mA，则在此段时间内不应超过2.5mA。如果适用，在5min结束时，泄漏电流不应超过0.5mA或0.75mA	—	UL60335-1：2011	—	基于现行安全实践的国家差异
		耐潮湿	Moisture resistance	15.1.1	—	—	GB 4706.1—2005	15.1.1	增加下述注：对于不只是室内一般场所的使用，需要评估器具同其他标准的符合性（电工设备的外壳标准UL 50）	—	UL60335-1：2011	—	基于国家法规要求的国家差异
				15.1.2	—	—	GB 4706.1—2005	15.1.2	增加15.1.2：对于带有自动卷线盘的器具，如果卷线潮湿在试验过程中会影响电气绝缘的测试，选择在其卷线最不利的状态进行试验，当电源线潮湿时不得擦干	—	EN 60335-1:2012	严于国标	基于消费者的实际使用环境，增加了带有自动卷线器潮湿状态下试验的要求

附表9（续）

产品类别	产品危害类别	安全指标中文名称	安全指标英文名称	安全指标对应的国家标准				安全指标对应的国际标准或国外标准				安全指标差异情况	原因
				编号	安全指标要求	安全指标单位	检测标准编号	编号	安全指标要求	安全指标单位	安全指标对应的检测标准编号		
家电	电气安全	泄漏电流	Leakage current	16.2	—	—	GB 4706.1—2005	16.2	增加下述注：对于带有无线电干扰滤波器的Ⅰ类器具，在适用的第2部分标准里，可允许更高的泄漏电流值，不超过3.5mA	—	UL60335-1：2011	宽于国标	基于现行安全实践的国家差异
		测量泄漏电流的试验电压	Test voltage of leakage current	16.2	试验电压： ——对单相器具，为1.06倍的额定电压； ——对三相器具，为1.06倍的额定电压除以$\sqrt{3}$	—	GB 4706.1—2005	16.2	修改：试验电压为额定电压的1.06倍	—	JIS C9335-1:2003	与国标相当	对于日本本土使用的器具安全性提高，但由于电源系统不同，试验测试应与中国相当
	机械安全	机械强度	Mechanical strength	20.2	器具运动部件的放置或封盖，应在正常使用中对人体伤害提供充分的防护，应尽可能兼顾器具的使用和工作	—	GB 4706.1—2005	20.2	代替第1段：增加了机械危害对于小孩的考虑，在判定不可触及危险活动部件时，增加在安全装配完好的状态下，使用18号儿童测试指，施加2.5N的力	—	EN 60335-1:2012	严于国标	基于年幼儿童增加的试验
				21.1	0.5J	—	GB 4706.1—2005	21.1	修改第3段：以2J代替0.5J	—	UL60335-1：2011	严于国标	基于现行安全实践的国家差异

附表9（续）

产品类别	产品危害类别	安全指标中文名称	安全指标英文名称	安全指标对应的国家标准				安全指标对应的国际标准或国外标准				安全指标差异情况	原因
				编号	安全指标要求	安全指标单位	检测标准编号	编号	安全指标要求	安全指标单位	安全指标对应的检测标准编号		
家电	机械安全	机械强度	Mechanical strength	22.3	通过将此器具插脚按正常使用插入到一个不带接地触点的插座来确定其是否合格。此插座在插座啮合面后8mm处，并在这些接触套管所在的平面内有一个水平枢轴	—	GB 4706.1—2005	22.3	第2段以下述内容代替：通过将此器具插脚按正常使用插入到一个符合AS/NES 3112图2.1要求的插座来确定其是否合格	—	AS/NZS 60335-1-2002	—	为了和国内相关部件标准保持一致
	电气安全	元件	Components	24.1	—	—	GB 4706.1—2005	24.1	修改增加24.1.7在澳大利亚，电信接口应符合电信法案的相关要求，替代IEC 62151增加注201：电信法案由澳大利亚通讯局颁布	—	AS/NZS 60335-1-2002	—	为了和国内法规保持一致
		电源连接	Supply connection	25.3	—	—	GB 4706.1—2005	25.3	增加注3：适用的第2部分标准中可考虑最小的电源线长度和尺寸	—	UL60335-1：2011		基于现行安全实践的国家差异
		导线横截面积	Cross-sectional area of conductor	25.8	—	—	GB 4706.1—2005	25.8	相关表格修改增加	—	JIS C 9335-1:2003	—	基于国家电源线横截面差异进行了要求的细化

附表9（续）

产品类别	产品危害类别	安全指标中文名称	安全指标英文名称	安全指标对应的国家标准				安全指标对应的国际标准或国外标准				安全指标差异情况	原因
				编号	安全指标要求	安全指标单位	检测标准编号	编号	安全指标要求	安全指标单位	安全指标对应的检测标准编号		
家电	电气安全	弯折试验	Flexing test of supply cord	25.14	—	—	GB 4706.1—2005	25.14	增加：使用无护套扁平线的非移动式器具，可作2000次弯曲试验，其弯曲速率为每分钟60次	—	JIS C 9335-1:2003	严于国标	日本增加了对于此类器具的规定
		导线标称横截面积	Momi-nal cross-sec-tional area of conduc-tor	26.6	—	—	GB 4706.1—2005	26.6	以“符合国家电气规范”替代第1段中的“表13所示”	—	UL60335-1：2011	—	基于国家法规要求的国家差异
		基本绝缘的最小爬电距离	Mini-mum creep-age dis-tances for ba-sic in-sulation	29.2	—	—	GB 4706.1—2005	29.2	表17的表头增加上角标b,增加下述脚注：工作电压不超过250V时，现场配线连接端子的爬电距离增加为9.5mm，电压大于250V小于600V时，增至12.7mm	—	UL60335-1：2011	宽于国标	基于基础安全标准和要求的国家差异

附表9（续）

产品类别	产品危害类别	安全指标中文名称	安全指标英文名称	安全指标对应的国家标准				安全指标对应的国际标准或国外标准				安全指标差异情况	原因
				编号	安全指标要求	安全指标单位	检测标准编号	编号	安全指标要求	安全指标单位	安全指标对应的检测标准编号		
家电	电气安全	耐热耐燃	Resistance to heat and fire	30.2.3.2	1.其他连接件，650℃。 2.在试样不厚于相关部件的情况下，材料类别按GB/T 5169.16为V-0或V-1的部件不进行针焰试验	—	GB 4706.1—2005	30.2.3.2	1. 以下述内容修改替代第1段的列项2：—675 ℃，按照IEC 60695-10-11分级至少为V-1，按照ISO 9773分级至少为VTM-1，其他连接件 2. 以下述内容替代最后1段：针焰试验不再按照60695-10-11分级为V-0或V-1，按照ISO 9773分级为VTM-1的材料部件上进行。提供的用于分级的样品不厚于器具的相关部件	—	UL60335-1：2011	—	基于现行安全实践的国家差异
	辐射安全	辐射	Annex	—	—	—	GB 4706.1—2005	附录ZG	增加附录ZG：除已按IEC60335-2-27、IEC60335-2-59、IEC60335-2-109考核的器具，其他带UV发射器的器具需考虑附录ZG的要求：①说明书制造商须提供声明增加警告语器具包含紫外线发射器，不要眼睛直视光源；②已证明暴露在UV辐射中的塑料材料是抗UV辐射的	—	EN60335-1：2012	严于国标	针对在特殊要求中没有规定UV辐射的产品，在通则中增加基本的辐射要求

附表10　GB 4706.2　电熨斗

产品类别	产品危害类别	安全指标中文名称	安全指标英文名称	安全指标对应的国家标准				安全指标对应的国际标准或国外标准				安全指标差异情况
				编号	安全指标要求	安全指标单位	检测标准编号	编号	安全指标要求	安全指标单位	安全指标对应的检测标准编号	
电熨斗	机械安全	机械强度		22.7	对于压力式蒸汽电熨斗，测量在第11章试验期间在其蒸发器注满水但无蒸汽喷出的情况下出现的最大压力。然后使在试验期间动作的所有压力调节器不起作用，压力不应超过前面测得值的3倍。接着使所有用来限制压力的保护装置不起作用，并且用水压的方法把蒸发器内的压力增加至最初测得的压力值的5倍或增加到使在第11章试验期间动作的压力调节器不起作用时所测得的压力值的2倍，取较大者。这个压力保持1min，器具应无泄漏现象	—	GB 4706.2	22.7	在本段最后增加：当压力式蒸汽电熨斗放置在停止或正常使用状态，连接锅炉的承压软管也要接受水压试验	—	AS/NZS 60335-2-3:2012	宽于国标
		机械强度		22.7	对于压力式蒸汽电熨斗，测量在第11章试验期间在其蒸发器注满水但无蒸汽喷出的情况下出现的最大压力。然后使在试验期间动作的所有压力调节器不起作用，压力不应超过前面测得值的3倍。接着使所有用来限制压力的保护装置不起作用，并且用水压的方法把蒸发器内的压力增加至最初测得的压力值的5倍或增加到使在第11章试验期间动作的压力调节器不起作用时所测得的压力值的2倍，取较大者。这个压力保持1min，器具应无泄漏现象	—	GB 4706.2	22.7	修改：对于压力式蒸汽电熨斗，测量在第11章试验期间在其蒸发器注满水但无蒸汽喷出的情况下出现的最大压力。然后使在试验期间动作的所有压力调节器不起作用，并再次测量压力，压力不应上升到大于200kPa。接着使所有用来限制压力的保护装置不起作用，并且用水压的方法把蒸发器内的压力增加至最初测得的压力值的5倍或增加到使在第11章试验期间动作的压力调节器不起作用时所测得的压力值的2倍，取较大者。水箱应无泄漏现象	—	JIS C 9335-1:2004	宽于国标

附表11 GB 4706.7真空吸尘器

产品类别	产品危害类别	安全指标中文名称	安全指标英文名称	安全指标对应的国家标准				安全指标对应的国际标准或国外标准				安全指标差异情况
				编号	安全指标要求	安全指标单位	检测标准编号	编号	安全指标要求	安全指标单位	安全指标对应的检测标准编号	
吸尘器	Classification	术语和定义	Terms and definitions	3.1.9	吸尘器以额定电压供电，连续工作20s后，调节吸口所得到的输入功率	—	GB 4706.7	5.2	正常工作：除了国标的正常负载的定义外，对其他负载工况进行了定义。比如带电动地刷需要在标准地毯上来回运行，带吹功能的吸尘器需要在吹的状态下运行，以及中央真空吸尘器的工况	—	UL 1017	
		分类	Classification	6.1	真空吸尘器和吸水式清洁器具应为Ⅰ类、Ⅱ类或Ⅲ类器具	—		丹麦、法国、意大利、荷兰、挪威、土耳其标准	家用真空吸尘器应为Ⅰ类或Ⅱ类器具	—		宽于国标
						—	GB 4706.7	UL 1017 JIS C9335-2-2	允许使用0类器具		UL 1017 JIS C9335-2-2	宽于国标
		防水等级	IPX	6.2	动物清洁用真空吸尘器和吸水式清洁器具的防水等级至少应为4级	—	GB 4706.7	5.12	不要求防水等级为4级	—	UL 1017	宽于国标
		标志和说明	Marking and instruction	7.1	器具应标出附件的引出线的最大负载（W）	—	GB 4706.7	9.1.3	对器具附件接口的附加标注不作要求	—	UL 1017	宽于国标
		输入功率	Power input	10.1	测量输入功率时不使用增压装置	—	GB 4706.7	5.7	考虑了增压装置的输入功率	—	UL 1017	严于国标
		发热	Heating	11.5	增压装置在结构上允许经常工作	—	GB 4706.7	5.8	增压装置在8分钟内每2分钟激活一次	—	UL 1017	

附表11（续）

产品类别	产品危害类别	安全指标中文名称	安全指标英文名称	安全指标对应的国家标准				安全指标对应的国际标准或国外标准				安全指标差异情况
				编号	安全指标要求	安全指标单位	检测标准编号	编号	安全指标要求	安全指标单位	安全指标对应的检测标准编号	
吸尘器	Classification	发热	Heating	11.7	吸尘器工作至建立稳定状态为止。带有自动卷线器的真空吸尘器，拉出占总长1/3的软线工作30min，然后将软线完全拉出	—	GB 4706.7	5.8	拉出软线总长的1/3进行试验，直到建立稳定状态	—	UL 1017	严于国标
		耐潮湿	Moisture resistance	15.2	将器具放在一个与水平呈10°倾角的支承面上处于正常使用时最不利位置，其液体容器装有制造厂使用说明书中规定液位高度一半的溶液，如果在其顶部以最不利水平方向施加一个180N的力时，器具就会翻倒，则认为器具是不稳定的。 用约含1% NaCl的水溶液注满器具的液体容器，将等于容器容积15%或0.25L（两者中取较大者）的水溶液在大约1min的周期内均匀注入容器	—	GB 4706.7	5.5	使用每升0.6克氯化纳的蒸馏水和每升5.4克的低泡洗涤剂进行溢流试验加至容器最大容量，然后将15%额定容积的相同液体加入容器，但是不超过0.47升。除溢流试验、喷淋试验外，增加了过吸水试验、卷线器的沾水试验、带电部件的浸渍试验、倾翻试验。试验过程中和试验后均要进行泄漏电流和耐压测试	—	UL 1017	严于国标
		泄漏电流和电气强度	Leakage current and electric strength	16.3	除电气连接部分外，将载流管浸入温度为（20±5）℃，含1% NaCl的水溶液中1h。载流管保持浸入状态，在每个导体与其他所有导体间施加2000V电压5min；在所有导体与水溶液间施加3000V电压1min	—	GB 4706.7	5.7	除了正常工作状态下的泄漏电流、潮态下的泄漏电流外，增加了非正常运转状态下的泄漏电流，泄漏电流的单位为MIU；基本绝缘的耐压为1240V、附件绝缘的耐压为2240V、加强绝缘或者双重绝缘的耐压为3740V	—	UL 1017	严于国标

附表12　GB 4706.8电热毯

产品类别	产品危害类别	安全指标中文名称	安全指标英文名称	安全指标对应的国家标准				安全指标对应的国际标准或国外标准				安全指标差异情况
				编号	安全指标要求	安全指标单位	检测标准编号	编号	安全指标要求	安全指标单位	安全指标对应的检测标准编号	
电热毯		范围		GB 4706.8—2008	—	—	GB 4706.8—2008	IEC 60335-2-17 Ed. 3.0	修改了范围，增加了“clothing”	—		
		规范性引用文件							1. ISO 3758增加了年份版本 2. 增加IEC 60320-1:2001			
		定义							1. PTC发热元件定义被删除，3.117代替3.8.4 2. 3.107、3.109、3.111、3.113转化为标准正本			
		一般要求							没有重大变化			
		试验的一般条件							1. 5.2、5.3转化为标准正本， 2. 5.8.2被删除，增加5.8.101、5.12 3. 因PTC发热元件定义删除并被代替，5.7有修改			
		分类							没有重大变化			
		标志和说明							1. 7.1、7.12、7.14、7.15内容修改 2. 增加7.6			
		辐射、毒性和类似危险							没有重大变化			
		耐热和耐燃							没有重大变化			

附表12（续）

产品类别	产品危害类别	安全指标中文名称	安全指标英文名称	安全指标对应的国家标准				安全指标对应的国际标准或国外标准				安全指标差异情况
				编号	安全指标要求	安全指标单位	检测标准编号	编号	安全指标要求	安全指标单位	安全指标对应的检测标准编号	
电热毯		结构							1．增加22.26、22.114、22.115，删除22.110 2．22.103转化为标准正本			
		内部布线							没有重大变化			
		元件							增加24.1.5			
		电源连接和外部软线							1．25.23转化为标准正本 2．增加25.101、25.14 3．25.7删除最后一句			
		螺钉和连接							没有重大变化			
		防锈							没有重大变化			
		附录							附录AA转化为标准正本并增加“clothing”，增加附录CC			
		对触及带电部件的防护							没有重大变化			
		输入功率和电流							因PTC发热元件定义删除并被代替，10.101有修改			
		工作温度下的泄漏电流和电气强度							没有重大变化			

附表12（续）

产品类别	产品危害类别	安全指标中文名称	安全指标英文名称	安全指标对应的国家标准				安全指标对应的国际标准或国外标准				安全指标差异情况
				编号	安全指标要求	安全指标单位	检测标准编号	编号	安全指标要求	安全指标单位	安全指标对应的检测标准编号	
电热毯		瞬态过电压							没有重大变化			
		耐潮湿							1．15.1、15.101、转化为标准正本 2．15.102、15.103中“电气间隙和爬电距离”改为了“电气间隙或爬电距离”			
		泄漏电流和电气强度							没有重大变化			
		变压器和相关电路的过载保护							没有重大变化			
		接地措施							没有重大变化			
		电气间隙、爬电距离和固体绝缘							增加29.1.3			
		发热							1．11.101、11.102转化为标准正本 2．11.101有修改 3．因PTC发热元件定义删除并被代替，11.2修改			

附表12（续）

产品类别	产品危害类别	安全指标中文名称	安全指标英文名称	安全指标对应的国家标准				安全指标对应的国际标准或国外标准				安全指标差异情况
				编号	安全指标要求	安全指标单位	检测标准编号	编号	安全指标要求	安全指标单位	安全指标对应的检测标准编号	
电热毯		非正常工作							1．增加19.11.3 2．19.1.19.13、19.101、19.102、19.103、19.105、19.106、19.108、19.109、19.110、19.111、19.112转化为标准正本			
									3．19.101、19.102、19.103、19.105中有修改			
		稳定性和机械危险							没有重大变化			
		机械强度							1．21.1、21.102、21.103、21.105、21.109、21.110.3、21.111.1、21.111.2、21.111.3、21.112转化为标准正本 2．因PTC发热元件定义删除并被代替，21.105、21.112、21.111.1有修改 3．21.111增加一段			

附表13 GB 4706.10按摩器具

产品类别	产品危害类别	安全指标中文名称	安全指标英文名称	安全指标对应的国家标准				安全指标对应的国际标准或国外标准				安全指标差异情况
				编号	安全指标要求	安全指标单位	检测标准编号	编号	安全指标要求	安全指标单位	安全指标对应的检测标准编号	
按摩器具	电气安全	分类	Classification	6.1	便携式器具应是Ⅱ类或Ⅲ类；驻立式器具应是Ⅰ类、Ⅱ类或Ⅲ类	—	GB 4706.10—××	6.1	便携式器具应是Ⅱ类或Ⅲ类；驻立式器具应是Ⅰ类、Ⅱ类或Ⅲ类	—	IEC 60335-2-32:2013	一致
								6.1	0类便携式器具是允许的。额定电压不超过150V的0I类便携式是允许的	6.1	JIS C 9335-2-32-2005	严于日本标准
									0类和I类便携式器具是允许的		UL 1647	严于美国标准
		对触及带电部件的防护	Protection against access to live parts	8.1.4	使用水的足部按摩器具的所有通电部件均被视为是带电部件	—	GB 4706.10—××	8.1.4	使用水的足部按摩器具的所有通电部件均被视为是带电部件	—	IEC 60335-2-32:2013	一致
		输入功率	Power input	10	+20%	瓦特	GB 4706.10—××	10	+20%	W	IEC 60335-2-32:2013	一致
		输入电流	Current input	10	+20%	安培	GB 4706.10—××	10	+20%	A	IEC 60335-2-32:2013	一致
		发热	Heating	11	与皮肤或头发接触的部件： ——金属制≤30；	开尔文	GB 4706.10—××	11	与皮肤或头发接触的部件： ——金属制≤30； ——陶瓷或玻璃≤	K	IEC 60335-2-32:2013	一致

附表13（续）

产品类别	产品危害类别	安全指标中文名称	安全指标英文名称	安全指标对应的国家标准				安全指标对应的国际标准或国外标准				安全指标差异情况
				编号	安全指标要求	安全指标单位	检测标准编号	编号	安全指标要求	安全指标单位	安全指标对应的检测标准编号	
按摩器具	电气安全	发热	Heating	11	——陶瓷或玻璃≤40； ——模制材料、橡胶、木质≤50		—		40； ——模制材料、橡胶、木质≤50		—	
					水容器的水量中部的水温不应超过50℃	℃	GB 4706.10—××	11	水容器的水量中部的水温不应超过50℃	℃	IEC 60335-2-32:2013	一致
		泄漏电流	Leakage current	13	0.75	毫安	GB 4706.10—××	13	0.75	mA	IEC 60335-2-32:2013	一致
								—	0.3	mA		宽于印度标准
		电气强度	Electric strength	13	3000	伏特	GB 4706.10—××	13	3000	V	IEC 60335-2-32:2013	一致
		瞬态过电压	Transient overvolt-ages	14	2500	伏特	GB 4706.10—××	14	2500	V	IEC 60335-2-32:2013	一致
		耐潮湿	Moisture resistance	15	3000	伏特	GB 4706.10—××	15	3000	V	IEC 60335-2-32:2013	一致
		非正常工作	Abnormal operation	19.7	打算用于坐着的人脚下的器具、按摩垫、按摩椅和按摩床工作到稳定状态建立。其他器具工作30s	开尔文	GB 4706.10—××	19.7	打算用于坐着的人脚下的器具、按摩垫、按摩椅和按摩床工作到稳定状态建立。其他器具工作30s	K	IEC 60335-2-32:2013	一致

附表13（续）

产品类别	产品危害类别	安全指标中文名称	安全指标英文名称	安全指标对应的国家标准				安全指标对应的国际标准或国外标准				安全指标差异情况
				编号	安全指标要求	安全指标单位	检测标准编号	编号	安全指标要求	安全指标单位	安全指标对应的检测标准编号	
按摩器具	电气安全	非正常工作	Abnormal operation	19.7	—	—	—		不进行这些试验		UL 1647	严于美国标准
		稳定性和机械危险	Stability and mechanical hazards	20.1	10	度	GB 4706.10—××	20.1	10	°	IEC 60335-2-32:2013	一致
									8		UL 1647	严于美国标准
		机械强度	Mechanical strength	21	0.5	焦耳	GB 4706.10—××	21	0.5	J	IEC 60335-2-32:2013	一致
		接地电阻	earth resistance	27	0.1	欧姆	GB 4706.10—××	27	0.1	Ω	IEC 60335-2-32:2013	一致
		连接强度	Connection strength	28	2.5	牛·米	GB 4706.10—××	28	2.5	N·m	IEC 60335-2-32:2013	一致
		电气间隙	Clearance	29	1.5	毫米	GB 4706.10—××	29	1.5	mm	IEC 60335-2-32:2013	一致
		爬电距离	Creepaged istance	29	2.5	毫米	GB 4706.10—××	29	2.5	mm	IEC 60335-2-32:2013	一致
		绝缘厚度	Insulation thickness	29	1	毫米	GB 4706.10—××	29	1	mm	IEC 60335-2-32:2013	一致

附表14　GB 4706.12储水式热水器

产品类别	产品危害类别	安全指标中文名称	安全指标英文名称	安全指标对应的国家标准				安全指标对应的国际标准或国外标准				安全指标差异情况
				编号	安全指标要求	安全指标单位	检测标准编号	编号	安全指标要求	安全指标单位	安全指标对应的检测标准编号	
储水式热水器	电气安全	术语与定义	Terms and definitions	—	无此定义		GB 4706.12—2006	3.106	增加低压式热水器的定义		IEC 60335-2-21	严于国标
		术语与定义	Terms and definitions	—	无此定义		GB 4706.12—2006	3.108	增加热交换式热水器的定义		IEC 60335-2-21	严于国标
		分类	Classification	6.1	OI类器具不允许	—	GB 4706.12—2006	6.1	0 I 类器具允许	—	J60335-2-21	宽于国标
		防水等级	Moisture resistance	6.2	IPX0不允许	—	GB 4706.12—2006	6.2	IPX0允许	—	EN60335-2-21	宽于国标
		防水等级	Moisture resistance	6.2	IPX0不允许	—	GB 4706.12—2006		IPX0允许	—	UL174	宽于国标
		泄漏电流	Leakage current	13.2	对在接地系统异常时提供保护措施的器具的附加要求：5mA		GB 4706.12—2006	13.2	无附加要求		IEC 60335-2-21	宽于国标
		泄漏电流	Leakage current	13.2	对在接地系统异常时提供保护措施的器具的附加要求：5mA		GB 4706.12—2006	13.2	无附加要求		J60335-2-21	宽于国标
		泄漏电流	Leakage current	13.2	对在接地系统异常时提供保护措施的器具的附加要求：5mA		GB 4706.12—2006	13.2	无附加要求		EN60335-2-21	宽于国标
		泄漏电流	Leakage current	13.2	对在接地系统异常时提供保护措施的器具的附加要求：5mA		GB 4706.12—2006	13.2	无附加要求		UL174	宽于国标

附表14（续）

产品类别	产品危害类别	安全指标中文名称	安全指标英文名称	安全指标对应的国家标准				安全指标对应的国际标准或国外标准				安全指标差异情况
				编号	安全指标要求	安全指标单位	检测标准编号	编号	安全指标要求	安全指标单位	安全指标对应的检测标准编号	
储水式热水器	电气安全	泄漏电流	Leakage current	13.2	对在接地系统异常时提供保护措施的器具的附加要求：5mA		GB 4706.12—2006	13.2	无附加要求		AS/NZS60335.2.21	宽于国标
		非正常	Abnormal operation	19.1	代替试验要求器具具有金属外壳	—	GB 4706.12—2006	19.1	代替试验要求器具具有金属外壳，或金属容器且非金属外壳	—	IEC 60335-2-21	宽于国标
		非正常	Abnormal operation	19.1	代替试验要求器具具有金属外壳、额定输入功率不超过6kW	—	GB 4706.12—2006		代替试验不要求器具具有金属外壳、额定功率不超过12kW	—	UL174	宽于国标
		结构	Construc-tior	22.101	额定压力至少应为0.6MPa	—	GB 4706.12—2006	22.101	额定压力至少应为1.0MPa	—	EN60335-2-21	宽于国标
		结构	Construc-tior	22.102	最小试验压力为0.03MPa，压力试验需要进行	—	GB 4706.12—2006		最小试验压力为2.1MPa对于容积不超过2L或容器保持与大气相通的器具，压力试验不进行	—	UL174	宽于国标
		结构	Construc-tior	22.103	密闭式热水器的压力释放装置应能防止容器的压力超过额定压力0.1MPa	—	GB 4706.12—2006	22.103	密闭式热水器应装有对温度和压力敏感并在100℃前动作的温度和压力安全阀	—	EN60335-2-21	宽于国标
		结构	Construc-tior	22.105	密闭式热水器应装有提供全极断开的热断路器	—	GB 4706.12—2006	22.106	单相密闭式热水器仅需要装有单极断开的热断路器	—	J60335-2-21	宽于国标
		结构	Construc-tior	22.105	对于设计与固定布线连接的器具，热断路器中性线不要求断开	—	GB 4706.12—2006	22.106	对于所有密闭式热水器，热断路器要求全极断开	—	EN60335-2-21	严于国标

附表14（续）

产品类别	产品危害类别	安全指标中文名称	安全指标英文名称	安全指标对应的国家标准				安全指标对应的国际标准或国外标准				安全指标差异情况
				编号	安全指标要求	安全指标单位	检测标准编号	编号	安全指标要求	安全指标单位	安全指标对应的检测标准编号	
储水式热水器	电气安全	结构	Construc-tior	22.108	要求使用工具才能排空容器	—	GB 4706.12—2006		排空器具时不需要工具	—	UL174	宽于国标
		结构	Construc-tior	22.111	出水口处水温不应超过98℃	—	GB 4706.12—2006	—	出水口处水温不应超过85℃	—	UL174	严于国标
		元件	Compo-nent	24.101	热断路器应有自动跳闸机构或其安置应使得仅在拆去不可拆的盖子后才能将其复位	—	GB 4706.12—2006		热断路器具有自动跳闸机构	—	UL174	严于国标
		元件	Compo-nents	24.102	最高水温为：99℃或在热断路器温度超过110℃之前动作	—	GB 4706.12—2006	24.102	最高水温为：99℃	—	J60335-2-21	严于国标
		元件	Compo-nents	24.102	最高水温为：99℃或在热断路器温度超过110℃之前动作	—	GB 4706.12—2006		最高水温为：99℃	—	UL174	严于国标
		元件	Compo-nents	24.102	最高水温为：99℃或在热断路器温度超过110℃之前动作	—	GB 4706.12—2006	24.102	最高水温为：99℃	—	EN60335-2-21	严于国标
		元件	Compo-nents	24.102	无电子电路的试验	—	GB 4706.12—2006	24.102	增加电子电路的相关试验	—	IEC 60335-2-21	严于国标

附表15　GB 4706.13制冷器具

产品类别	产品危害类别	安全指标中文名称	安全指标英文名称	安全指标对应的国家标准				安全指标对应的国际标准或国外标准				安全指标差异情况
				编号	安全指标要求	安全指标单位	检测标准编号	编号	安全指标要求	安全指标单位	安全指标对应的检测标准编号	
制冷器具	电气安全	结构	Construction	GB 4706.13—2014	无此要求	—	—	J60335-2-24	增加：E12和E17灯座按照E14和B15灯座进行试验。E26灯座按照E27、B22灯座进行试验	—	—	严于国标
制冷器具	电气安全	结构	Construction	GB 4706.13—2014	可能暴露在泄漏的可燃制冷剂中的表面温度不应超过表102中规定的制冷剂燃点温度减100K的值	—	—	J60335-2-24	对于密封玻璃管加热器，温度要求不同	—	—	宽于国标
制冷器具	电气安全	术语与定义	Terms and definitions	GB 4706.13—2008	无此定义	—	—	IEC 60335-2-24：2012	增加“跨临界制冷系统”定义	—	—	严于国标
制冷器具	电气安全	术语与定义	Terms and definitions	GB 4706.13—2008	无此定义	—	—	IEC 60335-2-24：2012	增加“气体冷却器”定义	—	—	严于国标
制冷器具	电气安全	术语与定义	Terms and definitions	GB 4706.13—2008	无此定义	—	—	IEC 60335-2-24：2012	增加“设计压力”定义	—	—	严于国标
制冷器具	电气安全	标志	Marking	GB 4706.13—2008	无此要求	—	—	IEC 60335-2-24：2012	增加高压警示语和压力符号	—	—	严于国标
制冷器具	电气安全	结构	Construction	GB 4706.13—2008	无此要求	—	—	IEC 60335-2-24：2012	增加对压力释放装置的要求	—	—	严于国标
制冷器具	电气安全	结构	Construction	GB 4706.13—2008	无此要求	—	—	IEC 60335-2-24：2012	增加铝纯度的要求	—	—	严于国标
制冷器具	电气安全	内部布线	Internal wiring	GB 4706.13—2008	在正常使用期间导线弯曲次数为10000次			IEC 60335-2-24：2012	在正常使用期间导线弯曲次数为100000次			严于国标

附表16　GB 4706.19热体加热器

产品类别	产品危害类别	安全指标中文名称	安全指标英文名称	安全指标对应的国家标准				安全指标对应的国际标准或国外标准				安全指标差异情况
				编号	安全指标要求	安全指标单位	检测标准编号	编号	安全指标要求	安全指标单位	安全指标对应的检测标准编号	
液体加热器	电气安全	非正常工作	Abnormal operation	19.101	电水壶空载试验	—	GB 4706.19-2008	19.101	本试验不适用	—	J60335-2-9	宽于国标
		电源连接和外部软线	Supply connection and external flexible cords	25.8	额定电流不超过10A，若其电源线长度小于2m，则可使用$0.75mm^2$的电源线	—	GB 4706.19-2008	25.8	额定电流超过6A，不可使用$0.75mm^2$的电源线，长度不限制	—	J60335-2-9	严于国标

附表17　GB 4706.21微波炉

产品类别	产品危害类别	安全指标中文名称	安全指标英文名称	安全指标对应的国家标准				安全指标对应的国际标准或国外标准				安全指标差异情况
				编号	安全指标要求	安全指标单位	检测标准编号	编号	安全指标要求	安全指标单位	安全指标对应的检测标准编号	
微波炉	电气安全	分类	Classification	6.1	OI类器具不允许	—	GB 4706.21—2008	6.1	若额定电压不超过150V，OI类器具允许	—	J60335-2-25	宽于国标
		标志与说明	Marking and instructions	7.12	无此类警告语	—	GB 4706.21—2008		使用和维护期间对暴露微波能量危险的警告语	—	UL923	严于国标
		标志与说明	Marking and instructions	7.12	无此类警告语	—	GB 4706.21—2008		禁止将器具放入带有门的隔间内	—	J60335-2-25	严于国标
		非正常工作	Abnormal operation	19.11.2	输入电压为0.94倍或1.06倍额定电压	—	GB 4706.21—2008		输入电压无变化	—	UL923	严于国标
		非正常工作	Abnormal operation	19.13	在每个试验期间测量微波泄漏值	—	GB 4706.21—2008		在每个试验结束时刻测量微波泄漏值	—	UL923	宽于国标

附表17（续）

产品类别	产品危害类别	安全指标中文名称	安全指标英文名称	安全指标对应的国家标准				安全指标对应的国际标准或国外标准				安全指标差异情况
				编号	安全指标要求	安全指标单位	检测标准编号	编号	安全指标要求	安全指标单位	安全指标对应的检测标准编号	
微波炉	电气安全	机械强度	Mechanical strength	21.102	施力140N	—	GB 4706.21—2008	—	施力222N	—	UL923	宽于国标
		机械强度	Mechanical strength	21.105	微波泄漏值不超过100W/m^2	—	GB 4706.21—2008	—	微波泄漏值不超过50W/m^2	—	UL923	严于国标
		结构	Construction	22.111	在试验期间测量微波泄漏值	—	GB 4706.21—2008	—	在试验结束时刻测量微波泄漏值	—	UL923	宽于国标
		结构	Construction	22.112	微波泄漏值不超过100W/m^2	—	GB 4706.21—2008	—	微波泄漏值不超过50W/m^2	—	UL923	严于国标
		结构	Construction	22.115	不得通过观察窗口接近腔体内部	—	GB 4706.21—2008	—	不得通过任何途径接近腔体内部	—	UL923	宽于国标

附表18　GB 4706.23室内加热器

产品类别	产品危害类别	安全指标中文名称	安全指标英文名称	安全指标对应的国家标准				安全指标对应的国际标准或国外标准				安全指标差异情况
				编号	安全指标要求	安全指标单位	检测标准编号	编号	安全指标要求	安全指标单位	安全指标对应的检测标准编号	
室内加热器	电气安全	与试验杆b触及的其他表面：——如果是金属	Other surfaces that are accessible to the test rod b: - if of metal	11.8 表101	85	K	GB 4706.23—2007	11.8表101	85	K	AS/NZS 60335-2-30: 2009+A1:2010+A2: 2014	无差异

附表18（续）

产品类别	产品危害类别	安全指标中文名称	安全指标英文名称	安全指标对应的国家标准				安全指标对应的国际标准或国外标准				安全指标差异情况
				编号	安全指标要求	安全指标单位	检测标准编号	编号	安全指标要求	安全指标单位	安全指标对应的检测标准编号	
室内加热器	电气安全	与试验杆b触及的其他表面：——如果是金属	Surfaces of heaters that employ confined heat transfer fluid which are accessible to a 3 inch（76.2mm）diameter probe of unrestricted length having a hemispherical end	Table 40.1	130	℃	GB 4706.23—2007	11.8表101	85	K	UL 1278-2014	严于国标

附表19 GB 4706.24洗衣机

产品类别	产品危害类别	安全指标中文名称	安全指标英文名称	安全指标对应的国家标准				安全指标对应的国际标准或国外标准				安全指标差异情况
				编号	安全指标要求	安全指标单位	检测标准编号	编号	安全指标要求	安全指标单位	安全指标对应的检测标准编号	
洗衣机（MOD）		术语和定义	Terms and definitions	3.1.9	纺织物是预洗的、双层折边的棉布片，其尺寸约为700mm×700mm，干燥状态下单位面积质量为140g/m^2～175g/m^2。对于不带加热元件的器具，初始水温为（50±5）℃（IEC为（65±5）℃）	—	GB 4706.24	—	使用不同面积的布料。对于不带加热元件和绞拧机的器具，初始水温为71℃	—	UL 2157	严于国标
		分类	Classification	6.1	器具应为Ⅰ类、Ⅱ类或Ⅲ类器具	—	GB 4706.24	—	允许使用0Ⅰ类器具	—	JIS C9335-2-4	宽于国标
		分类	Classification	6.2	器具防水等级应至少为4级	—	GB 4706.24	—	允许防水等级为0的器具	—	UL 2157	宽于国标

附表19（续）

产品类别	产品危害类别	安全指标中文名称	安全指标英文名称	安全指标对应的国家标准				安全指标对应的国际标准或国外标准				安全指标差异情况
				编号	安全指标要求	安全指标单位	检测标准编号	编号	安全指标要求	安全指标单位	安全指标对应的检测标准编号	
洗衣机（MOD）		发热	Heating	11.7	——洗涤周期的持续时间为： • 连续旋转的波轮式洗衣机为6min； • 搅拌式洗衣机为18min； • 滚筒式洗衣机为25min，除非使用说明中规定有更长的时间； ——脱水周期的持续时间为5min。 每个停歇周期，包含所有制动时间，其持续时间为4min	—	GB 4706.24	—	11.7规定的试验持续时间不同	—	UL 2157	—
		耐潮湿	Moisture resistance	15.101	器具的结构应使得泡沫不会影响其电气绝缘。 15.2试验后立即进行下述试验，检查其符合性。 器具以额定电压在第11章规定的条件下以时间最长的程序运转，但只运转一个完整周期，运转过程中加入足以产生泡沫的洗涤剂用量。洗涤剂成分见附录AA。 带有洗涤剂分配器的器具，在循环中分配器自动加入溶液那一时刻，手动加入溶液。对其他器具，在循环开始前加入溶液。 试验后，器具应经受16.3电气强度试验。 在进行15.3试验前，器具在具有正常大气压的试验室中保持24h	—	GB 4706.24	—	15.101规定的试验不同	—	UL 2157	—

附表19（续）

产品类别	产品危害类别	安全指标中文名称	安全指标英文名称	安全指标对应的国家标准				安全指标对应的国际标准或国外标准				安全指标差异情况
				编号	安全指标要求	安全指标单位	检测标准编号	编号	安全指标要求	安全指标单位	安全指标对应的检测标准编号	
洗衣机（MOD）		非正常工作	Abnormal operation	19.7	不带程序控制器或定时器的器具运转5min	—	GB 4706.24	—	19.7不带程序控制器的器具运行至达到稳定状态	—	UL 2157	严于国标
		非正常工作	Abnormal operation	19.101	在程序的任意区间，电源一相或多相断开和再接通	—	GB 4706.24	—	19.101不需多余的接触设置	—	UL 2157	宽于国标
		结构	Construction	22.6	关于器具容器、软管、连接器和类似部件泄漏的要求，不适用于附录BB中进行老化试验的部件。试验规程修改：用每升蒸馏水含5g附录AA规定洗涤剂的溶液，代替带颜色的水	—	GB 4706.24	—	22.6试验不同	—	UL 2157	—
		结构	Construction	22.101	器具结构应使其在运转过程中，当水位高于门（打开时）的边缘较低位置时，不能通过一个简单的动作将门打开。这个要求不适用于装有连锁装置的门，或需用钥匙或需要两个分离动作（例如推进和旋转）才能打开的门。 通过视检和手动试验检查其符合性。 如果合格性依赖于电子电路的动作且器具能够将水加热至90℃，分别在下列条件下重复本试验： ——19.11.2中a）到g）的失效条件，每次试验施加一个失效条件； ——对器具施加19.11.4.2到19.11.4.5的电磁干扰试验。	—	GB 4706.24	—	22.101以允许进水压力的2倍或20MPa的较高者进行试验	—	挪威	严于国标

附表19（续）

产品类别	产品危害类别	安全指标中文名称	安全指标英文名称	安全指标对应的国家标准				安全指标对应的国际标准或国外标准				安全指标差异情况
				编号	安全指标要求	安全指标单位	检测标准编号	编号	安全指标要求	安全指标单位	安全指标对应的检测标准编号	
洗衣机（MOD）		结构	Construction	22.101	应不可能通过一个简单的动作打开机盖或机门。 如果电子电路是可编程的，软件中应含有相应措施来控制表R.1或表R.2指定的故障/错误，并根据附录R的相关要求进行评估	—	GB 4706.24	—	22.101以允许进水压力的2倍或20MPa的较高者进行试验	—	挪威	严于国标
		结构	Construction	22.101	器具结构应使其在运转过程中，当水位高于门（打开时）的边缘较低位置时，不能通过一个简单的动作将门打开。这个要求不适用于装有连锁装置的门，或需用钥匙或需要两个分离动作（例如推进和旋转）才能打开的门。 通过视检和手动试验检查其符合性。 如果合格性依赖于电子电路的动作且器具能够将水加热至90℃，分别在下列条件下重复本试验： ——19.11.2中a）到g）的失效条件，每次试验施加一个失效条件； ——对器具施加19.11.4.2到19.11.4.5的电磁干扰试验。 应不可能通过一个简单的动作打开机盖或机门。 如果电子电路是可编程的，软件中应含有相应措施来控制表R.1或表R.2指定的故障/错误，并根据附录R的相关要求进行评估	—	GB 4706.24	—	22.101不进行该试验	—	UL 2157	宽于国标

附表19（续）

产品类别	产品危害类别	安全指标中文名称	安全指标英文名称	安全指标对应的国家标准				安全指标对应的国际标准或国外标准				安全指标差异情况
				编号	安全指标要求	安全指标单位	检测标准编号	编号	安全指标要求	安全指标单位	安全指标对应的检测标准编号	
		附录AA	Annex AA	附录AA	洗涤剂的成分选自IEC 60456: 1994 漂洗剂的成分选自IEC 60436	—	GB 4706.24	—	洗涤剂和漂洗剂不同	—	UL 2157	—
		附录BB	Annex BB	附录BB	合成橡胶零件的老化试验	—	GB 4706.24	—	试验不同	—	UL 2157	—

附表20　GB 4706.25洗碗机

产品类别	产品危害类别	安全指标中文名称	安全指标英文名称	安全指标对应的国家标准				安全指标对应的国际标准或国外标准				安全指标差异情况
				编号	安全指标要求	安全指标单位	检测标准编号	编号	安全指标要求	安全指标单位	安全指标对应的检测标准编号	
洗碗机		分类	Classification	6.1	器具应为I类、II类或III类器具	—	GB 4706.25	—	如果额定电压不超过150V，器具可为0I类	—	JIS C9335-2-5	宽于国标
		结构	Construction	20.102	机门和机盖应有连锁装置，确保只有当机门或机盖关闭时，器具才能运转；除非当机门或机盖打开时有对热水喷出的防护装置。 通过视检和手动试验检查其符合性。 注：机门或机盖刚打开后即刻发生的轻微溅洒可以忽略	—	GB 4706.25	—	对门的互锁装置进行30000次耐久试验	—	UL 749	宽于国标

附表20（续）

产品类别	产品危害类别	安全指标中文名称	安全指标英文名称	安全指标对应的国家标准				安全指标对应的国际标准或国外标准				安全指标差异情况
				编号	安全指标要求	安全指标单位	检测标准编号	编号	安全指标要求	安全指标单位	安全指标对应的检测标准编号	
洗碗机		电源连接和外部软线	Supply connection and external flexible cords	25.7	规定了电源软线的规格和绝缘性	—	GB 4706.25	—	要求电源软线有至少1.5m的自由长度	—	UL 749	严于国标
		附录AA	Annex AA	附录AA	见表AA.1和表AA.2	—	GB 4706.25	—	洗涤剂和漂洗机不同	—	UL 749	—
		附录BB	Annex BB	附录BB	合成橡胶零件的老化试验	—	GB 4706.25	—	进行不同的试验	—	UL 749	—

附表21　GB 4706.26离心式脱水机

产品类别	产品危害类别	安全指标中文名称	安全指标英文名称	安全指标对应的国家标准				安全指标对应的国际标准或国外标准				安全指标差异情况
				编号	安全指标要求	安全指标单位	检测标准编号	编号	安全指标要求	安全指标单位	安全指标对应的检测标准编号	
离心式脱水机		术语和定义	Terms and definition	3.1.9	纺织物是预洗的、双层折边的棉布片，其尺寸约为70cm×70cm，干燥状态下单位面积质量为$140g/m^2$ ~ $175g/m^2$。用冷水浸透后，把它均匀地分布在旋转桶内	—	GB 4706.26	—	除了规定的试验材料外，也可使用面积在$4800cm^2$ ~ $5000cm^2$，一边长至少为55cm的布料	—	UL 2157	宽于国标
		分类	Classification	6.1	器具应为Ⅰ类、Ⅱ类或Ⅲ类器具	—	GB 4706.26	6.1	允许使用0Ⅰ类器具	—	JIS C9335-2-4	宽于国标

附表21（续）

产品类别	产品危害类别	安全指标中文名称	安全指标英文名称	安全指标对应的国家标准				安全指标对应的国际标准或国外标准				安全指标差异情况
				编号	安全指标要求	安全指标单位	检测标准编号	编号	安全指标要求	安全指标单位	安全指标对应的检测标准编号	
离心式脱水机		分类	Classification	6.2	器具的防水等级应至少为4级	—	GB 4706.26	—	允许防水等级为0的器具	—	UL 2157	宽于国标
		耐潮湿	Moisture resistance	15.2	器具的结构应在正常使用中保证液体溢出不致影响其电气绝缘。 通过下述试验检查其符合性： X型连接的器具，除使用专门制备的软线外，其他都应装有表13中规定允许的最小横截面积的最轻型柔性软线。 堵住排水泵的入口或重力排水入口。用正常工作中规定的衣物装满旋转桶，加入两倍干衣质量的冷水。将浸透过程后的剩余水都注入到器具内，然后器具在额定电压下，运转1min或程序控制器或定时器所允许的最长时间，两者取较短者。 此外，带有垂直轴，连续注水漂洗的器具，装满完全浸透的纺织物，在20s内注入10L水，在额定电压下正常工作。 对于带有工作台面的器具，将0.5L约含1%氯化钠（NaCl）和0.6%的漂洗剂（附录AA）的水溶液，从器具顶部注入，控制器置于打开位置。然后在控制器的工作范围内进行操作，5min后重复此操作。 试验后，器具应经受16.3规定的电气强度试验，并进行视检，在绝缘上应没有能够导致电气间隙和爬电距离降低到第29章规定值以下的水迹	—	GB 4706.26	—	试验方法不同	—	UL 2157	—

附表21（续）

产品类别	产品危害类别	安全指标中文名称	安全指标英文名称	安全指标对应的国家标准				安全指标对应的国际标准或国外标准				安全指标差异情况
				编号	安全指标要求	安全指标单位	检测标准编号	编号	安全指标要求	安全指标单位	安全指标对应的检测标准编号	
离心式脱水机		耐久性	Endurance	18	试验次数应为： ——对制动机构： • 单独的离心式脱水机3500次； • 安装在洗衣机上的离心式脱水机1000次。 ——机盖连锁装置6000次	—	GB 4706.26	—	试验进行6000次	—	UL 2157	严于国标
		非正常工作	Abnormal operation	19.7	19.7不适用	—	GB 4706.26	—	19.7适用	—	UL 2157	严于国标
		稳定性和机械危险	Stability and mechanical hazards	20.101	负载不平衡不应对器具产生不利的影响。 通过下述试验检查其符合性： 将器具放置在水平支撑面上，以0.2kg的重物或在使用说明中规定的最大纺织物质量10%的重物，两者取较大者，将此重物固定在旋转桶内壁的中间处。 器具在额定电压下，运转5min或由控制器或定时器所允许的最长时间，两者取较短者。 进行4次试验，每次试验后将重物沿旋转桶内壁周边旋转90°。 如果合格性依赖于电子电路的动作，还应重复19.11.2中a）到g）关于电子电路的试验，每次试验施加一个失效条件。 试验期间，器具不应翻倒，并且旋转桶不应碰撞除箱体外的其他部件。 试验后，器具应能继续使用	—	GB 4706.26	—	不进行20.101规定的试验	—	UL 2157	宽于国标

附表21（续）

产品类别	产品危害类别	安全指标中文名称	安全指标英文名称	安全指标对应的国家标准				安全指标对应的国际标准或国外标准				安全指标差异情况
				编号	安全指标要求	安全指标单位	检测标准编号	编号	安全指标要求	安全指标单位	安全指标对应的检测标准编号	
离心式脱水机		稳定性和机械危险	Stability and mechanical hazards	20.103	—	—	GB 4706.26	—	20.103要求不同	—	UL 2157	—
		稳定性和机械危险	Stability and mechanical hazards	20.104	—	—	GB 4706.26	—	20.104要求不同	—	UL 2157	—
		机械强度	Mechanical strength	21.101	从顶部装入负载的器具的机盖应有足够的机械强度。 通过下述试验检查其符合性： 用一个直径为70mm的橡胶半球体，其硬度在40 IRHD至50IRHD之间，把它固定在质量为20kg的圆柱体上，从高10cm处，向机盖中央部位跌落。 此试验进行3次，试验后，机盖不应损坏到能触及运动部件的程度	—	GB 4706.26	—	21.201对金属盖有结构性要求，对塑料保温盖的试验不同	—	UL 2157	严于国标
		机械强度	Mechanical strength	21.102	机盖及其铰链应有足够的抗变形能力。 通过下述试验检查其符合性： 在最不利的方向和位置处，用50N的力打开机盖。 此试验进行3次，试验后，铰链不应因工作而松动且机盖不应损坏或变形至不符合20.102与20.104要求的程度	—	GB 4706.26	—	21.202对金属盖有结构性要求，对塑料保温盖的试验不同	—	UL 2157	严于国标

附表22　GB 4706.28吸油烟机

产品类别	产品危害类别	安全指标中文名称	安全指标英文名称	安全指标对应的国家标准				安全指标对应的国际标准或国外标准				安全指标差异情况
				编号	安全指标要求	安全指标单位	检测标准编号	编号	安全指标要求	安全指标单位	安全指标对应的检测标准编号	
吸油烟机	电气安全	标志与说明	Marking and instructions	7.12	警告语标在使用说明中	—	GB 4706.28-2008	—	警告语标在器具主体上	—	UL 507	严于国标
		标志与说明	Marking and instructions	7.12.1	无此类警告语	—	GB 4706.28-2008	7.12.1	对于用在天然气上方的器具，增加警告语	—	EN60335-2-31	严于国标
		对触及带电部件的防护	Protection against access to live parts	8.2	内部布线的基本绝缘与IEC 60227或IEC 60245中的软线绝缘相当，则可触及	—	GB 4706.28-2008	—	不要求与IEC 60227或IEC 60245中的软线绝缘相当，也可触及	—	UL 507	宽于国标
		结构	Construction	22.102	位于过滤网后的零部件不认为是要清洗的部件	—	GB 4706.28-2008	22.102	位于过滤网后的零部件认为是一定要清洗的部件	—	EN60335-2-31	严于国标

附表23　GB 4706.31桑拿浴加热器具

产品类别	产品危害类别	安全指标中文名称	安全指标英文名称	安全指标对应的国家标准				安全指标对应的国际标准或国外标准				安全指标差异情况
				编号	安全指标要求	安全指标单位	检测标准编号	编号	安全指标要求	安全指标单位	安全指标对应的检测标准编号	
桑拿加热器具		范围	Scope	1	额定输入功率不超过20kW，单相器具额定电压不超过250V，其他器具额定电压不超过480V的电桑拿浴加热电器具的安全	—	GB 4706.31—2008	1	额定输入功率不超过20kW，单相器具额定电压不超过250V，其他器具额定电压不超过480V的电桑拿浴加热电器具和红外发射单元的安全	—	IEC 60335-2-53:2011	低于IEC标准

附表23（续）

产品类别	产品危害类别	安全指标中文名称	安全指标英文名称	安全指标对应的国家标准				安全指标对应的国际标准或国外标准				安全指标差异情况
				编号	安全指标要求	安全指标单位	检测标准编号	编号	安全指标要求	安全指标单位	安全指标对应的检测标准编号	
桑拿加热器具	电气安全	分类	Classification	6.1	器具应是Ⅰ类、Ⅱ类或Ⅲ类	—	GB 4706.31—2008	6.1	器具应是Ⅰ类、Ⅱ类或Ⅲ类	—	IEC 60335-2-53:2011	一致
								6.1	允许0Ⅰ类器具	—	J 60335-2-53	严于日本标准
				6.2	对红外线发热室内的红外发射器无防水要求	—	GB 4706.31—2008	6.2	打算安装在发热室体内的红外线发射器、控制器和保护装置应至少为IPX2	—	IEC 60335-2-53:2011	宽于IEC标准
		标志和说明	Marking and instructions	7	未涉及对红外发射器的要求	—	GB 4706.31—2008	7.1；7.6；7.12；7.12.1；7.101	对红外发热器的使用说明、警告标志等进行了规定		IEC 60335-2-53:2011	宽于IEC标准
		输入功率	Power input	10	+20%	瓦特	GB 4706.31—2008	10	+20%	W	IEC 60335-2-53:2011	一致
		输入电流	Current input	10	+20%	安培	GB 4706.31—2008	10	+20%	A	IEC 60335-2-53:2011	一致
		发热	Heating	11.8	无对加热器金属保护装置温升要求	开尔文	GB 4706.31—2008	11.8	出风口栅栏或安装在凹槽中加热器保护装置，如果是金属的，温升不应超过130K	K	IEC 60335-2-53:2011	宽于IEC标准
									不测量桑拿浴加热器前面的温升		UL 875：2009	严于美国标准
								25.13	发热器金属表面温度不许超过150℃	℃	UL 875：2009	宽于美国标准

附表23（续）

产品类别	产品危害类别	安全指标中文名称	安全指标英文名称	安全指标对应的国家标准				安全指标对应的国际标准或国外标准				安全指标差异情况
				编号	安全指标要求	安全指标单位	检测标准编号	编号	安全指标要求	安全指标单位	安全指标对应的检测标准编号	
桑拿加热器具	电气安全	泄漏电流	Leakage current	13	0.75	毫安	GB 4706.31—2008	13	0.75	mA	IEC 60335-2-53:2011	一致
								13.2	只有带电源软线的桑拿浴加热器才要求泄漏电流试验		UL 875：2009	严于美国标准
		电气强度	Electric strength	13	3000	伏特	GB 4706.31—2008	13	3000	V	IEC 60335-2-53:2011	一致
		瞬态过电压	Transient overvolt-ages	14	2500	伏特	GB 4706.31—2008	14	2500	V	IEC 60335-2-53:2011	一致
		耐潮湿	Moisture resistance	15	3000	伏特	GB 4706.31—2008	15	3000	V	IEC 60335-2-53:2011	一致
		非正常工作	Abnormal operation	19.102	140	开尔文	GB 4706.31—2008	19.102	增加：（1）用于安装在凹槽中的桑拿浴加热器和墙壁有出风口的桑拿房也要进行19.102的试验。 （2）红外线发射器也进行19.103的试验	K	IEC 60335-2-53:2011	宽于IEC
								19.102	本试验不适用		UL 875：2009	
		稳定性和机械危险	Stability and me-chanical hazards	20	10	度	GB 4706.31—2008	20	10	°	IEC 60335-2-32:2013	一致

附表23（续）

产品类别	产品危害类别	安全指标中文名称	安全指标英文名称	安全指标对应的国家标准				安全指标对应的国际标准或国外标准				安全指标差异情况
				编号	安全指标要求	安全指标单位	检测标准编号	编号	安全指标要求	安全指标单位	安全指标对应的检测标准编号	
桑拿加热器具	电气安全	机械强度	Mechanical strength	21	0.5	焦耳	GB 4706.31—2008	21	2	J	IEC 60335-2-53:2011	宽于IEC标准
		结构	Construction	22.2	未涉及对红外发射单元的要求	—	GB 4706.31—2008	22.2	红外线发射单元应装有符合24.3要求的可全极断开的开关	—	IEC 60335-2-53:2011	宽于IEC标准
				22.39	未涉及对红外发射器加热灯的要求	—	GB 4706.31—2008	22.39	红外线发射器的加热灯的灯座的绝缘部件应是陶瓷材料	—	IEC 60335-2-53:2011	宽于IEC标准
				22.108	未涉及电子电路试验	—	GB 4706.31—2008	22.108	如果合规性依赖于电子电路的操作，则器具需进一步试验	—	IEC 60335-2-53:2011	宽于IEC标准
				22.109	未涉及	—	GB 4706.31—2008	22.109	带电部件直接接触的玻璃、陶瓷或类似材料制成的面板是可触及的部件，应能承受热冲击	—	IEC 60335-2-53:2011	宽于IEC标准
		元件	Components	24.101	未涉及对红外发射器的要求	—	GB 4706.31—2008		对于红外线发射器，热断路器可以是自复位式的	—	IEC 60335-2-53:2011	宽于IEC标准
				24.102	125	℃	GB 4706.31—2008		125℃不适用	℃	UL 875	严于UL标准
		接地电阻	Earth resistance	27	0.1	欧姆	GB 4706.31—2008	27	0.1	Ω	IEC 60335-2-53:2011	一致

附表23（续）

产品类别	产品危害类别	安全指标中文名称	安全指标英文名称	安全指标对应的国家标准				安全指标对应的国际标准或国外标准				安全指标差异情况
				编号	安全指标要求	安全指标单位	检测标准编号	编号	安全指标要求	安全指标单位	安全指标对应的检测标准编号	
桑拿加热器具	电气安全	连接强度	Connection strength	28	2.5	牛·米	GB 4706.31—2008	28	2.5	N·m	IEC 60335-2-53:2011	一致
		电气间隙	Clearance	29	1.5	毫米	GB 4706.31—2008	29	1.5	mm	IEC 60335-2-53:2011	一致
		爬电距离	Creepage distance	29	2.5	毫米	GB 4706.31—2008	29	2.5	mm	IEC 60335-2-53:2011	一致
		绝缘厚度	Insulation thickness	29	1	毫米	GB 4706.31—2008	29	1	mm	IEC 60335-2-53:2011	一致
		耐热耐燃	Resistance to heat and fire	30	75±2	℃	GB 4706.31—2008	30	75±2	℃	IEC 60335-2-53:2011	一致
		辐射、毒性和类似危险	Radiation, toxicity and similar hazards	32	未涉及红外线辐射的要求	—	GB 4706.31—2008	32	预制红外线房中的红外线发射器不应该放射出有害数量的辐射。通过附录BB中规定测量确定其是否合格。 在预制式红外线舱的可用区域中的任何一点测量得到的辐射照度不应超过1000W/m^2	—	IEC 60335-2-53:2011	宽于IEC标准

附表24　GB 4706.32房间空调器

产品类别	产品危害类别	安全指标中文名称	安全指标英文名称	安全指标对应的国家标准				安全指标对应的国际标准或国外标准				安全指标差异情况
				编号	安全指标要求	安全指标单位	检测标准编号	编号	安全指标要求	安全指标单位	安全指标对应的检测标准编号	
房间空调器	电气安全	术语与定义	Terms and definitions	GB 4706.32—2012	无此定义	—	—	IEC 60335-2-40：2013	增加“工厂密封器具”定义	—	—	严于国标
					无此定义	—	—	IEC 60335-2-40：2013	增加“独立封装单元”定义	—	—	严于国标
		制冷管路长度	Length of refrigerant lines		说明书中最大长度或7.5m，取较短者	m	—	IEC 60335-2-40：2013	5m ~ 7m	—	—	严于国标
		分类	Classification		OI类器具不允许	—	—	J60335-2-40：2002	OI类器具允许	—	—	宽于国标
		试验箱木制壁板的温度限值	Temperature limits of Wooden walls of the test casing		90	—	—	EN 60335-2-40:2009	85	—	—	严于国标
		运输振动	Vibration during transport		无此要求	—	—	IEC 60335-2-40：2013	对于充注可燃制冷剂的空调，应具有抵挡运输振动的能力	—	ASTM D4728-01	严于国标
		工厂密封器具独立封装单元的充注限值	Charge limits		无此要求	—	—	IEC 60335-2-40：2013	$m_{max}=0.25\times A\times LFL\times 2.2$	—	—	宽于国标

附表25　GB 4706.45空气净化器

产品类别	产品危害类别	安全指标中文名称	安全指标英文名称	安全指标对应的国家标准				安全指标对应的国际标准或国外标准				安全指标差异情况
				编号	安全指标要求	安全指标单位	检测标准编号	编号	安全指标要求	安全指标单位	安全指标对应的检测标准编号	
空气净化器		对触电及带电部件的防护	Protection against acces to live parts	8.1.4	应在各相关部件与电源的每一极之间分别测量电压值和电流值。在电源中断后立即测量放电量。 使用标称阻值为2000Ω的无感电阻来测量放电的电量和电能。 对于仅在清洁或使用者维护保养时拆卸盖子后成为易触及的带电部件，其放电在拆下盖子2s后测量	—	GB 4706.45	—	8.1.4测量方法和最大放电量不同	—	UL 867	—
		泄漏电流和电气强度	Leakage current and electric strength	16.101	高压变压器应有足够的内部绝缘。 通过下述试验，确定是否合格： 在变压器初级端子处施加一高于额定频率的正弦波电压，在变压器次级绕组中产生两倍的工作电压。 试验的持续时间为： ——对于不高于两倍额定频率的试验频率：60s，或 ——对于更高的试验频率：120×（额定频率/试验频率）s，最少用15s。 注：试验电压的频率高于额定频率，以避免在试验期间产生过多的励磁电流。 施加的初始电压最高为试验电压的1/3，然后迅速升压，但不能跳变。试验结束时，在断开试验电压前应以类似的方式降压至全值电压的1/3左右。 绕组与绕组之间，或同一绕组相邻的匝间，不应发生击穿	—	GB 4706.45	—	16.101试验不同	—	UL 867	—

附表25（续）

产品类别	产品危害类别	安全指标中文名称	安全指标英文名称	安全指标对应的国家标准				安全指标对应的国际标准或国外标准				安全指标差异情况
				编号	安全指标要求	安全指标单位	检测标准编号	编号	安全指标要求	安全指标单位	安全指标对应的检测标准编号	
		结构	Construction	22.101	空气净化器不应有能使小物件通过，从而接触带电部件的底部开口。 通过视检和测量支撑面通过开口到带电部件的距离确定其是否合格。距离至少为6mm。然而，对有柱脚并打算在桌面上使用的空气净化器，这个距离应增加至10mm；若打算放在地板上用，则应增加至20mm	—	GB 4706.45	—	22.101不进行本试验	—	UL 867	宽于国标
		元件	Components	24.101	当使用者维护保养空气净化器时，用来防止触及到带电部件的互锁开关应： ——全极断开，除非次级回路由隔离变压器供电； ——触点间隙符合GB 15092.1中完全断开的要求。 通过视检检查其符合性	—	GB 4706.45	—	24.101触点间隙无需符合IEC 61058-1	—	UL 867	宽于国标
		辐射、毒性和类似危险		32	空气净化器产生的臭氧浓度不应超过规定的要求。 器具不应发射危险量级的紫外线。	—	GB 4706.45	—	本试验仅适用于便携式器具	—	UL 867	宽于国标

附表26　GB 4706.48加湿器

产品类别	产品危害类别	安全指标中文名称	安全指标英文名称	安全指标对应的国家标准				安全指标对应的国际标准或国外标准				安全指标差异情况
				名称、编号	安全指标要求	安全指标单位	检测标准名称、编号	名称、编号	安全指标要求	安全指标单位	安全指标对应的检测标准名称、编号	
加湿器		范围	Scope	1	本标准不适用于： ——液体加热器（GB 4706.19）； ——打算使用在加热、通风或空气调节系统的加湿器（IEC 60335-2-88）	—	GB 4706.48	—	仅当电极式器具和带有只加热元件的器具永久连接于固定布线时，其适用于本标准	—	荷兰	—
		标志和说明	Marking and instruction	7.12.1	连接到供水管线的器具在安装说明中应标明允许的最大水压，以Pa表示	—	GB 4706.48	—	最小额定水压为1.0MPa	—	丹麦、瑞典、挪威	严于国标
		元件	Components	24.101	装在器具中使其符合第19章要求的热断路器，不应是自复位的。 通过视检确定其是否合格	—	GB 4706.48	—	24.101该要求不适用	—	UL 998	宽于国标

附表27　GB 4706.53坐便器

产品类别	产品危害类别	安全指标中文名称	安全指标英文名称	安全指标对应的国家标准				安全指标对应的国际标准或国外标准				安全指标差异情况
				编号	安全指标要求	安全指标单位	检测标准编号	编号	安全指标要求	安全指标单位	安全指标对应的检测标准编号	
电子坐便器		范围	Scope	1	适用范围包括存储、干燥或销毁方式处理人体排泄物的电子坐便器为主，同时也适用于冲洗组件、暖便座等	—	GB 4706.53	1	JIS标准中，主要适用于冲洗组件、暖房便座等，同时也适用于存储、干燥或销毁方式处理人体排泄物的电子坐便盖	—	JIS C9335-2-84	—

附表27（续）

产品类别	产品危害类别	安全指标中文名称	安全指标英文名称	安全指标对应的国家标准				安全指标对应的国际标准或国外标准				安全指标差异情况
				编号	安全指标要求	安全指标单位	检测标准编号	编号	安全指标要求	安全指标单位	安全指标对应的检测标准编号	
电子坐便器		老年人用便器的定义	—	—	—	—	GB 4706.53	3.201	JIS标准追加该定义	—	JIS C9335-2-84	—
	安全及舒适性	暖房便座的定义	—	—	—	—	GB 4706.53	3.202	JIS标准追加该定义	—	JIS C9335-2-84	—
	防水防潮	水侵入相关的保护类别	—	6.2	器具的防水等级应至少为4级	—	GB 4706.53	6.2	JIS标准允许浴室以外场所设置的便座，防水等级为3级即可	—	JIS C9335-2-84	宽于国标
	使用安全	安装说明书记载事项	—	7.12.1	Ⅰ类器具的安装说明应注明其必须接地	—	GB 4706.53	7.12.1	JIS标准追加： 0Ⅰ类器具及永久连接到固定布线的Ⅰ类器具在安装说明书中要记载接地连接的注意事项。 浴室以外场所使用的机器，要追加禁止在浴室使用的警告标示	—	JIS C9335-2-84	严于国标
	阻热阻燃	发热试验的试验时间	—	11.7	冲洗组件运行2min，除非冲洗自动停止	—	GB 4706.53	11.7	JIS标准修正了不会自动停止冲洗的冲洗组件的试验时间。同时，干燥机能的试验时间也进行了修正。 具体如下：产品运转直至达到稳定状态，或者运行20个周期，取其中的时间较短者。每个周期如下：	—	JIS C9335-2-84	严于国标

附表27（续）

产品类别	产品危害类别	安全指标中文名称	安全指标英文名称	安全指标对应的国家标准				安全指标对应的国际标准或国外标准				安全指标差异情况
				编号	安全指标要求	安全指标单位	检测标准编号	编号	安全指标要求	安全指标单位	安全指标对应的检测标准编号	
电子坐便器	阻热阻燃	发热试验的试验时间	—	11.7	冲洗组件运行2min，除非冲洗自动停止	—	GB 4706.53	11.7	——冲洗组件运行到水流自动停止，或者30s取其中时间较短者； ——有干燥机能的产品，运行到干燥机能自动停止或1min取其中时间较短者		—	—
		动作温度下的泄漏电流	—	13.2	用裸露加热元件加热水的器具，使用说明中规定的电阻系数的水进行试验	—	GB 4706.53	13.2	JIS标准追加除了裸露加热元件外，对于通过导电性液体与人体接触的仅有一层绝缘的没有进行接地连接的温水加热器的0Ⅰ类器具或Ⅰ类器具，在500Ω·cm的电阻率的水中进行试验	—	JIS C9335-2-84	严于国标
		耐湿试验后的泄漏电流	—	16.2	用裸露加热元件加热水的器具，使用说明中规定的电阻系数的水进行试验	—	GB 4706.53	16.2	JIS标准追加除了裸露加热元件外，对于通过导电性液体与人体接触的仅有一层绝缘的没有进行接地连接的温水加热器的0Ⅰ类器具或Ⅰ类器具，在500Ω·cm的电阻率的水中进行试验	—	JIS C9335-2-84	严于国标
		老年人用便座的稳定性	—	20	—	—	GB 4706.53	20	JIS标准追加老年人用便座的稳定性试验	—	JIS C9335-2-84	
		机器用输入插口的使用限制	—	22.2	Ⅰ类器具应不带有输入插口	—	GB 4706.53	22.2	JIS追加0Ⅰ类器具不可使用器具输入插口	—	JIS C9335-2-84	宽于国标

附表27（续）

产品类别	产品危害类别	安全指标中文名称	安全指标英文名称	安全指标对应的国家标准				安全指标对应的国际标准或国外标准				安全指标差异情况
				编号	安全指标要求	安全指标单位	检测标准编号	编号	安全指标要求	安全指标单位	安全指标对应的检测标准编号	
电子坐便器		与液体接触的加热器的构造	—	22.33	液体可以与裸露加热原件直接接触，电极可以用来加热液体	—	GB 4706.53	22.33	JIS规定温水冲洗便座的冲洗组件不得使用裸露加热元件	—	JIS C9335-2-84	严于国标
		便座安装相关的内容	—	22.101	坐便器应为固定式器具	—	GB 4706.53	22.101	JIS标准允许老年人用的便座可以为非固定式器具	—	JIS C9335-2-84	—
		接地连接方法	—	27.1	用裸露加热元件加热水的I类器具，水可以进出的金属管，或水流过的金属部件应永久可靠接地	—	GB 4706.53	27.1	JIS标准追加对于通过导电性液体与人体接触的仅有一层绝缘的没有进行接地连接的温水加热器的0 I 类器具或 I 类器具，要与裸露加热元件同等的方式进行接地连接	—	JIS C9335-2-84	严于国标